ISW 4

Berichte aus dem Institut für Steuerungstechnik
der Werkzeugmaschinen und Fertigungseinrichtungen
der Universität Stuttgart

Herausgegeben von Prof. Dr.-Ing. G. Stute

W0253818

R. Nann

Rechnersteuerung von Fertigungseinrichtungen

Beitrag zur Automatisierung der Fertigung durch den Einsatz von Digitalrechnern

Springer-Verlag
Berlin · Heidelberg · New York 1972

Mit 45 Abbildungen

ISBN-13 : 978-3-540-05911-0 e-ISBN-13 : 978-3-642-80695-7
DOI : 10.1007 / 978-3-642-80695-7

Das Werk ist urheberrechtlich geschützt. Die dadurch begründeten Rechte, insbesondere die der Übersetzung, des Nachdrucks, der Entnahme von Abbildungen, der Funksendung, der Wiedergabe auf photomechanischem oder ähnlichem Wege und der Speicherung in Datenverarbeitungsanlagen bleiben, auch bei nur auszugsweiser Verwertung, vorbehalten.
Bei Vervielfältigungen für gewerbliche Zwecke ist gemäß § 54 UrhG eine Vergütung an den Verlag zu zahlen, deren Höhe mit dem Verlag zu vereinbaren ist.
© by Springer-Verlag, Berlin/Heidelberg 1972.
Library of Congress Catalog Card Number 72-86113

Vorwort des Herausgebers

Das Institut für Steuerungstechnik der Werkzeugmaschinen und Fertigungseinrichtungen der Universität Stuttgart befaßt sich mit den neuen Entwicklungen der Werkzeugmaschine und anderen Fertigungseinrichtungen, die insbesondere durch den erhöhten Anteil der Steuerungstechnik an den Gesamtanlagen gekennzeichnet sind. Dabei stehen die numerisch gesteuerte Werkzeugmaschine in Programmierung, Steuerung, Konstruktion und Arbeitseinsatz sowie die vermehrte Verwendung des Digitalrechners in Konstruktion und Fertigung im Vordergrund des Interesses.

Im Rahmen dieser Buchreihe sollen in zwangloser Folge drei bis fünf Berichte pro Jahr erscheinen, in welchen über einzelne Forschungsarbeiten berichtet wird. Vorzugsweise kommen hierbei Forschungsergebnisse, Dissertationen, Vorlesungsmanuskripte und Seminarausarbeitungen zur Veröffentlichung.

Diese Berichte sollen dem in der Praxis stehenden Ingenieur zur Weiterbildung dienen und helfen, Aufgaben auf diesem Gebiet der Steuerungstechnik zu lösen. Der Studierende kann mit diesen Berichten sein Wissen vertiefen.

Unter dem Gesichtspunkt einer schnellen und kostengünstigen Drucklegung wird auf besondere Ausstattung verzichtet und die Buchreihe im Fotodruck hergestellt.

Der Herausgeber dankt dem Springer-Verlag für Hinweise zur äußeren Gestaltung und Übernahme des Buchvertriebs.

Stuttgart, im Februar 1972

Gottfried Stute

Vorwort

Die vorliegende Arbeit entstand während meiner Tätigkeit als wissenschaftlicher Mitarbeiter am Institut für Steuerungstechnik der Werkzeugmaschinen und Fertigungseinrichtungen der Universität Stuttgart.

Herrn Prof. Dr.-Ing. G. Stute, dem Leiter des Institutes, bin ich für sein stetes Interesse und die wertvollen Anregungen während des Entstehens dieser Arbeit zu großem Dank verpflichtet.

Mein Dank gilt auch Herrn Prof. Dr.-Ing. H.-J. Warnecke für die eingehende Durchsicht der Arbeit und die sich daraus ergebenden Hinweise.

Allen Mitarbeitern des Institutes, die mir bei der Anfertigung dieser Arbeit behilflich waren, danke ich ebenfalls. Dieser Dank gilt besonders den Herren Dr.-Ing. A. Storr, Dipl.-Ing. E. Bauer und Dipl.-Ing. W. Ragg.

Rainer Nann

Inhaltsverzeichnis

Schrifttum

[1] Stute, G. u. R. Nann — DNC-Rechnerdirektsteuerung von Werkzeugmaschinen. wt-Z. ind. Fertig. 61 (1971) 2, S. 69...74.

[2] Flechtner, H.-J. — Grundbegriffe der Kybernetik. Stuttgart: Wiss. Verlagsgesellschaft, 1967.

[3] Ropohl, G. — Systemtechnik als umfassende Anwendung kybernetischen Denkens in der Technik. wt-Z. ind. Fertig. 60 (1970) 8, S. 452...456 und 9, S. 541...546.

[4] Klaus, G. — Wörterbuch der Kybernetik. Fischer Handbücher 1073/1074, Frankfurt/Hamburg: S. Fischer, 1969.

[5] Chestnut, H. — Systems Engineering Tools. New York/London/Sidney: John Wiley & Sons, 1965.

[6] Mirow, H.M. — Kybernetik - Grundlage einer allgemeinen Theorie der Organisation. Wiesbaden: Dr. Th. Gabler, 1969.

[7] Dolezalek, C.M. — Was ist Automatisierung? Werkstattstechnik 56 (1966) 5, S. 217.

[8] Kuhnert, H. — Wirtschaftlichkeitsbetrachtungen aus der Sicht des Verbrauchers. Tagungsbroschüre des ICM '70 - Internationaler Congress für Metallbearbeitung, hrsg. vom VDW - Verein Deutscher Werkzeugmaschinenfabriken e.V., Frankfurt, 1970.

[9] Herrmann, J., W. Junghanns u. H. Goldhausen — Simulationen als Hilfsmittel bei der Planung flexibler Fertigungssysteme. TZ für prakt. Metallbearb. 64 (1970) 8, S. 380...386.

[10] Kuhnert, H. — Projektierung flexibler Fertigungssysteme. Vortrag beim 14. AWK - Aachener Werkzeugmaschinenkolloquium, Aachen, 1971.

[11] Ropohl, G. — Die Flexibilität von Fertigungssystemen für die Automatisierung der Serienfertigung. Diss. Universität Stuttgart, 1970.

[12] Williamson, D.T.N. Ein neues Fertigungsverfahren. TZ für prakt. Metallbearb. 61 (1967) 9, S. 428...439 u. 62 (1968) 1, S. 39...43.

[13] Perry, C.B. Variable-Mission Manufacturing Systems. International Conference on Product Development and Manufacturing Technology. University of Strathclyde, Glasgow, 1969.

[14] Dolezalek, C.M. u. G. Ropohl Die flexible Fertigungslinie und ihre Bedeutung für die Automatisierung der Serienfertigung. VDI-Z. 108 (1966) 26, S. 1261...1268.

[15] Marx, H.J. u. G. Stute Automatisierung - die heutige Form der Rationalisierung im Industriebetrieb. VDI-Z. 109 (1967) 27, S. 1259...1266.

[16] Schmid, D. Beitrag zur Auslegung numerischer Bahnsteuerungen. Diss. Universität Stuttgart, 1971.

[17] Handel, P.v. Electronic Computers. Wien: Springer, 1961.

[18] Götz, E. Digital arbeitende Interpolatoren für numerische Steuerungen. AEG-Mitteilungen 51 (1961) 1, S. 34...44.

[19] Stute, G. u. D. Schmid Typische Konturfehler bei der Werkstückbearbeitung mit numerischen Bahnsteuerungen. Annals of the C.I.R.P., Vol. XVIII, 1970, S. 531...540.

[20] Stute, G. (Hrsg.) Lageregelung an Werkzeugmaschinen. Seminarumdruck, hrsg. vom Institut für Steuerungstechnik der Werkzeugmaschinen und Fertigungseinrichtungen, Universität Stuttgart, 1970.

[21] Pettie, D.G. An Introduction to the Ferranti Multiax Continuous Path Control System. Report No. NCD (GEN) 102. Firmenschrift der Fa. Ferranti Ltd., Dalkeith, Schottland, 1968.

[22] Mesniaeff, P.G. The Technical Ins and Outs of Computerized Numerical Control. Control Engineering, March 1971, S. 65...84.

[23] Stute, G. Bauelemente und Verfahren der Steuerungstechnik. In: Fertigungstechnisches Kolloquium '70. VDI-Berichte Nr. 166, S. 129...138. Düsseldorf: VDI-Verlag, 1971.

[24] Das Programmiersystem EXAPT. TZ f. prakt. Metallbearb. 61 (1967) 6, S. 404...414.

[25] De Vries, M.A. (Hrsg.) From Tape to Time Sharing. Numerical Control Society, Princeton, USA, 1969.

[26] De Vries, M.A. (Hrsg.) NC - Management's Key to the Seventies. Numerical Control Society, Princeton, USA, 1970.

[27] Geyer, W. u. S. Waller Direktführung numerisch gesteuerter Werkzeugmaschinen mit einem Fertigungsleitrechner. Siemens-Z. 44 (1970) Beiheft "Numerische Steuerungen", S. 11...15.

[28] Braun, R. u.a. Digital- und Analogrechner. VDI-Z. 112 (1970) 12, S. 773...787.

[29] Kull, W. Der Anwendung sind keine Grenzen gesetzt - Kompaktrechner in Deutschland. Computer Praxis 4 (1971) 4, S. 74...77.

[30] Kipiniak, W. u. P. Quint Assembly vs. Compiler Languages. Control Engineering, Februar 1968, S. 93...98.

[31] Lücke, P. Möglichkeiten beim Einsatz von Prozeßrechnern zur direkten numerischen Steuerung von Werkzeugmaschinen. Diss. TH Aachen, 1970.

[32] Winkler, O. Betriebserfahrungen mit Prozeßrechnern. Regelungstechn. Praxis u. Prozeßrechentechnik (1970) 5, S. 168...171.

[33] Studer, F. u. G. Waibel — Nahtstellenprobleme beim direkten Führen numerisch gesteuerter Werkzeugmaschinen mit einem Prozeßrechner. Siemens-Z. 44 (1970) Beiheft "Numerische Steuerungen", S. 38...46.

[34] Fair, D.G. — Direct Computer Control for Numerical Machines. Paper presented at the 18th Annual IEEE Machine Tool Conference, Rockton, USA, 1968.

[35] Spur, G., W. Adam u. W. Wentz — System zur direkten Steuerung von NC-Werkzeugmaschinen durch einen Prozeßrechner. Z. f. wirtschaftl. Fert. 66 (1971) 3, S. 110...114.

[36] Opitz, H. — Moderne Produktionstechnik. Essen: Girardet, 1970.

[37] Bauer, E. — Die elektrische Kopplung zwischen Prozeßrechner und NC-Steuerung. Unveröffentlichter Forschungsbericht des Instituts für Steuerungstechnik der Werkzeugmaschinen und Fertigungseinrichtungen der Universität Stuttgart, März 1970.

[38] Zurmühl, R. — Praktische Mathematik für Ingenieure und Physiker. 4. Aufl., Berlin-Göttingen-Heidelberg: Springer, 1963.

[39] PDP-14 USERS GUIDE. Firmenschrift der Fa. Digital Equipment, Maynard, USA, 1970.

[40] Spizig, J.S. — Programmierbare Steuerungen. Werkstatt und Betrieb 104 (1971) 8, S. 571...574.

[41] Götz, E. und C. Friedrich — NC - DNC - CNC Rechnereinsatz in der NC-Technik. Steuerungstechnik 3 (1970) 8, S. 254...258.

[42] Herold, H.-H. W. Maßberg und G. Stute — Die numerische Steuerung in der Fertigungstechnik. Düsseldorf: VDI-Verlag, 1971.

Abkürzungsverzeichnis

AB	Ausgabebereich
AGR	Alarmgruppenregister
ALDE	Prozeßsignalformer
ALRM	Programm
ASP	Arbeitsspeicher
BAP	Bedingte Anforderung an die Programmsteuerung
BBS	Bedienungsblattschreiber
BTR	Behind the Tape Reader
BU	Buchstabe
BBAU	Programm
BBSK	"
BRAU	"
BRFK	"
BRPE	"
BRPS	"
CNC	Computerized Numerical Control
CYST	Prozeßsignal
DA	Digitale Ausgänge
DE	Digitale Eingänge
DDA	Digital Differential Analyser
DNC	Direct Numerical Control
DSL	Datensammelleitung
E	Empfänger
E/A	Eingabe/Ausgabe
ELDA	Prozeßsignalformer
EOFB	Prozeßsignal
ERST	"
ESP	Externspeicher
F	Fertigungssystem
FALS	Prozeßsignal
FV	Fertigungsvorbereitung
KSVW	Programm
L	Länge
LB	Laufbereich
LNR	Prozeßsignal
LS	Lochstreifen
LSA	Lochstreifenausgabe (-stanzer)
LSE	Lochstreifeneingabe (-leser)
LIFO	Programm
LIST	"
LSAU	"
LSEI	"
MTBF	Mean Time Between Failure
N	Adresse für Satznummer, 1. Zeichen im Satz (DIN 66025)
NC	Numerische Steuerung

NC-Sp.	Speicherbereich für NC-Programme
NPE	Prozeßsignal
NPS	"
NREI	"
ORG	Organisationsprogramm (Betriebssystem)
PBS	Protokollblattschreiber
P1K 301	Prozeßelement
P1KS 301	Prozeßelementsteuerung
PR	Programm
PSK	Magnetplattenspeicher (Gerät mit Steuerung)
PSFO	Programm
PROT	"
PR.NR.E	Programm-Nummern-Eingabe
REDA	Prozeßsignalformer
RICH	Prozeßsignal
S	Sender; Steuersystem
SL	Sammelleitung
SER	Prozeßsignal
SYAP	Programm
TAER	"
TAKT	Prozeßsignal
TER	"
TORN	"
TRO	"
UB	Umspeicher-Bereich
W	Wort
WECK	Programm
WZM	Werkzeugmaschine
Z	Zeichen
ZE	Zentraleinheit
ZI	Ziffer

Formelzeichen

B	Bandbreite
f	Frequenz
F_w	Führungsfrequenzgang
i	Zählvariable
K	Größe eines Arbeitsspeicherbereichs
K_{ges}	Summe aller K
k_v	Kreisverstärkung
m	Zählvariable
n	Zählvariable
N	Anzahl der NC in einem DNC-System
P	Wahrscheinlichkeit POISSON-verteilter Ereignisse
$P_B\ (i)$	Wahrscheinlichkeit, daß zu einem Zeitpunkt i NC Bedienung fordern
$P_R\ (O)$	Wahrscheinlichkeit, daß Zentraleinheit frei ist
r	Radius
s	Weg
Δs	Weginkrement
t	Zeit
Δt	Zeitintervall
$T_n\ (x)$	TSCHEBYSCHEFF'sches Polynom
T_A	Zeitkonstante; mittlere Abarbeitungszeit eines Satzes in der NC
T_B	Mittlere Bedienungszeit einer NC
T_{B1}	Bedienungszeit für eine NC
T_{B2}	Zeit für simultane Bedienung von 2 NC
T_K	Zeit zur Abarbeitung der NC-Sätze, die in einem ASP-Bereich der Größe K gespeichert sind
T_R	Rechenzeit der Zentraleinheit
T_z	Zugriffszeit zu einem Externspeicher
v_A	Achsgeschwindigkeit
j	Imaginäre Einheit
ω	Kreisfrequenz
ω_o	Kennkreisfrequenz

1. Einleitung

Steigender Bedarf an Industriegütern bei zunehmender Typenvielfalt, ständige Erhöhung der Lohnkosten und fortschreitender Mangel an Fachkräften zwingen die Unternehmen zur Rationalisierung. Mit besonderer Dringlichkeit stellt sich diese Aufgabe in der Fertigungstechnik, die bei hohem Personalaufwand einer laufenden Zunahme der Einzel-, der Kleinserien- und Mittelserienfertigung gegenübersteht.

Eine Form der Rationalisierung ist die Automatisierung. Diese muß sich im Bereich der Fertigung auf die beiden Komponenten Materialfluß und Informationsfluß erstrecken. Unter dem Begriff Fluß werden die Funktionen Ein- und Ausgeben, Transportieren oder Übertragen, Speichern und Verarbeiten zusammengefaßt, Bild 1.

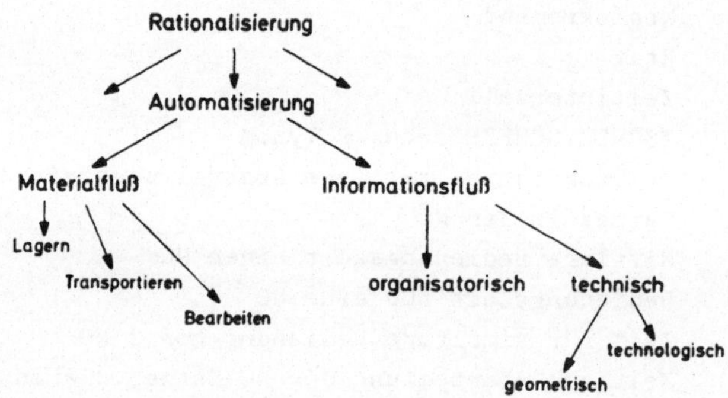

Bild 1 Komponenten der Automatisierung in der Fertigung

Gleichgewichtig stellt sich neben den Zwang zur Automatisierung die Forderung nach einem höheren Maß an Flexibilität, d.h. einer besseren Anpassungsfähigkeit an sich schnell ändernde Fertigungsaufgaben.

Durch die Einführung der numerischen Steuerung konnten in der Fertigung die Abschnitte "Bearbeiten" des Materialflusses und "Verarbeiten technischer Information" aus dem Informationsfluß automatisiert werden. Die darauf aufbauenden, weitergehenden Bemühungen haben hinsichtlich des Materialflusses das Ziel, schrittweise auch das Lagern und Transportieren von Werkstücken und Werkzeugen automatischen Einrichtungen zu übertragen. Für den Informationsfluß leitet sich daraus die Aufgabe ab, Steuersysteme zu entwickeln, die mehrere Stationen des Materialflusses überdecken und den Informationsaustausch zwischen Fertigung und benachbarten Unternehmensbereichen selbsttätig durchführen.

Das leistungsfähigste Hilfsmittel zur Informationsverarbeitung ist der Digitalrechner. Nachdem seit Jahren Anstrengungen unternommen werden, ihn in Konstruktion und Fertigungsvorbereitung einzuführen, ist es nun auch notwendig, seine universellen Eigenschaften zur Steigerung der Automatisierung der Fertigung bei gleichzeitiger Erhöhung ihrer Flexibilität nutzbar zu machen.

So ist es Gegenstand dieser Arbeit, ausgehend von Überlegungen zur Automatisierung der Fertigung und einer Analyse des Informationsflusses die Einsatzmöglichkeiten von Digitalrechnern in diesem Bereich zu untersuchen. Als Ziel wurde die Entwicklung und Einführung eines DNC*)-Systems gesteckt, in dem eine größere Anzahl numerischer Steuerungen informationsschlüssig mit einem Rechner gekoppelt sind [1] . DNC-Systeme stellen aufbauend auf der numerischen Steuerung den technisch wie wirtschaftlich möglichen, folgerichtigen nächsten Schritt in der Automatisierung des Informationsflusses dar.

Anhand der Ergebnisse, die mit diesem System gewonnen wurden, sind weitere Möglichkeiten eines zukünftigen Rechnereinsatzes zu diskutieren. Sie werden im Aufbau komplexer integrierter Steuerungssysteme für flexible Fertigungssysteme gesehen.

---

*) DNC = Direct Numerical Control

2. Grundlagen für Analyse und Entwurf komplexer Systeme

Die Automatisierung der Fertigung erweist sich als außerordentlich komplexe und vielschichtige Aufgabe. Es ist deshalb nützlich, zu ihrer Bearbeitung einige systemtechnische Ansätze heranzuziehen. Diese werden im folgenden kurz vorgestellt. Sie bilden die methodische Grundlage dieser Arbeit, ohne im Verlauf der Untersuchungen jeweils explizit erwähnt zu werden.

Systemtechnik steht als zusammenfassender Begriff über Betrachtungsweisen, Theorien, Methoden und Verfahren für Analyse und Entwurf komplexer, meist technischer Systeme. Ihre Werkzeuge entnimmt sie verschiedenen Wissenschaftsbereichen, vorwiegend der Mathematik, dem Operations Research, der Informationstechnik, der Steuerungs- und Regelungstechnik, den Wirtschafts- und den Gesellschaftswissenschaften. Die Systemtechnik ist gekennzeichnet durch eine spezifische Systembetrachtung, die auf dem kybernetischen Systembegriff fußt [2],[3],[4],[5] .

Ein Grundgedanke der Systemtechnik ist die "idea of change"[5]. Die Dynamik der Systeme, ihre Anpassung an veränderte Umweltbedingungen und die Flexibilität ihres inneren Aufbaus stehen im Mittelpunkt aller Betrachtungen. Diese dynamische Betrachtungsweise der Systeme beinhaltet auch, daß jedes System als Teil eines übergeordneten Systems zu verstehen ist; jedes System selbst ist aber auch gleichzeitig Übersystem über seine Teilsysteme.

Systeme werden als Ganzheit betrachtet, der gegenüber der Summe ihrer Einzelelemente eine höhere Qualität zuzumessen ist. Dies bedeutet, daß den Kopplungen zwischen den Elementen, die das Ganzheitliche ausmachen, besondere Bedeutung zukommt; insbesondere sind informationelle Kopplungen für automatische Systeme kennzeichnend.

Bei kybernetischer Betrachtungsweise der Systeme werden Funktionen und Strukturen an verallgemeinerten abstrakten Modellen untersucht. Die funktionale Aufgliederung der Systeme kann dabei unter zwei Blickwinkeln vorgenommen werden. Zum einen kann die Gesamtfunktion nach organisatorischen Gesichtspunkten auf eine Reihe koordinierter Aufgabenträger verteilt werden. In der Systembetrachtung sind dies die Kosysteme. Sie stehen innerhalb des Systems auf gleicher Stufe nebeneinander. Die zweite Methode geht von der Gesamtfunktion des Systems aus und versucht, sie in untergeordnete (subordinierte) Einzelfunktionen aufzulösen. Diese Vorgehensweise entspricht der Black-Box-Methode, die über die Beobachtung von Eingangs-/Ausgangs-Beziehungen Erkenntnisse über Funktionen und Teilfunktionen gewinnt. Träger der Funktionen sind die Subsysteme; aus ihrer Verknüpfung ergibt sich die Struktur des Systems. Dieses Verfahren kann schrittweise verfeinert werden, indem jedes Element zur Klärung seiner Funktion wieder als Black-Box betrachtet wird.

Die Gliederung der Systeme in Sub- und Kosysteme dient der Erleichterung von Analyse und Entwurf. Deshalb sind Grenzen zwischen ihnen nicht absolut und unverrückbar, sondern werden entsprechend den jeweiligen Gegebenheiten und den Möglichkeiten zur Gestaltung hinsichtlich Umfang und Komplexität festgelegt.

Aufgrund des Gedankens der Höherbewertung der Gesamtheit gegenüber den Elementen geht die Richtung des Entwurfs vom Allgemeinen zum Speziellen, vom System zum Element. Damit soll sichergestellt werden, daß jedes Element im Hinblick auf seine Funktion im System entwickelt wird.

Die Auflösung eines Systems in funktionsbestimmte und spezialisierte Elemente und ihr Aufbau aus solchen Elementen entspricht dem Prinzip des Baukastens, der somit als Gestaltungsprinzip der Systemtechnik gelten kann. Mit einem Baukastensystem läßt sich die Forderung nach einem im inneren Aufbau wandlungsfähigen, also in seiner Struktur flexiblen System realisieren. Aus der Auswahl und Kombination der Funktionselemente ergibt sich die Funktion des Gesamtsystems; durch den Austausch einzelner Elemente kann sie veränderten Umgebungsbedingungen angepaßt werden.

In [6] ist nachgewiesen, daß komplexe Systeme, die die Struktur von Regelungen tragen, hierarchisch aufgebaut sein müssen. Der hierarchische Aufbau ist als weiteres Gestaltungsprinzip für dynamische Systeme mit Rückkopplung anzusetzen.

Diese Gestaltungsprinzipien gelten in der gleichen Weise für die Elemente eines Systems wie auch für das System insgesamt, das seinerseits ja auch als Element eines übergeordneten Systems zu konzipieren ist.

Der Aufbau automatisierter technischer Systeme gehört zu den wichtigsten Anwendungen der Systemtechnik. Automatisierung wird hier verstanden in Anlehnung an die Definition von DOLEZALEK [7] : "Automatisierung heißt, einen Vorgang mit technischen Mitteln so einzurichten, daß der Mensch weder ständig noch in einem erzwungenen Rhythmus für den Ablauf des Vorgangs tätig zu werden braucht". Der Begriff Vorgang muß im Zusammenhang mit komplexen Systemen als Sammelbegriff für umfangreiche, vermaschte Abläufe angesehen werden. Eine in der Aussage gleichbedeutende Definition ist für die neue Norm *) DIN 19 233 vorgesehen.

Die Grobstruktur eines Systems zur Automatisierung der Fertigung, das nach systemtechnischen Gesichtspunkten aufgebaut ist, zeigt Bild 2. Ein hierarchisch aufgebautes informationelles System überdeckt und steuert mehrere materielle Fertigungssysteme.

---

*) Überarbeitete Fassung des Entwurfs der Norm DIN 19 233 vom November 1970.

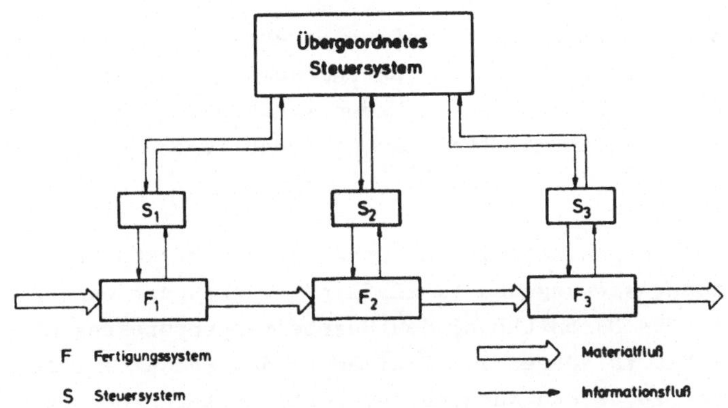

Bild 2 Die Automatisierung komplexer Systeme am Beispiel der Fertigung [4] .

3. Die Automatisierung von Material- und Informationsfluß in der Fertigung

Innerhalb eines Unternehmens liefern Materialwirtschaft und Fertigung die weitaus höchsten Kostenanteile. Die daraus resultierenden Forderungen nach höherer Wirtschaftlichkeit und Produktivität zwingen zur Aktivierung brachliegender Nutzungsreserven [8].

Technische wie organisatorische Nutzungsverluste können durch erhöhte Automatisierung und Flexibilität verringert werden. Die automatische Durchführung des Bearbeitungsprozesses und des Arbeitsablaufs führen zur Steigerung der Produktivität; eine stärkere zeitliche Nutzung der Fertigungseinrichtungen erhöht insbesondere ihre Wirtschaftlichkeit, größere Flexibilität in der Anpassung an veränderte Aufgabenstellungen verbessert beide genannten Kenngrößen.

Die Wahl der technischen Einrichtungen zur Automatisierung von Material- und Informationsfluß ist abhängig von der Art der Fertigungsaufgabe. Einflußgrößen sind vorwiegend die Anzahl der gleichen Werkstücke, Art und Anzahl der Arbeitsgänge pro Teil, ihre geometrische Form und ihr Wert [9].

Die überwiegende Anzahl aller Teile wird in kleinen bis mittleren Serien hergestellt, Anzahl und Kompliziertheit der Arbeitsgänge streuen weit. In der Lösung dieser Fertigungsaufgaben wurde mit der Einführung der numerischen Steuerung (NC) ein großer Fortschritt erzielt. Sie schuf die Möglichkeit, die Bearbeitung eines Werkstückes auf einer Maschine zu automatisieren. Der einfache Austausch der auf Lochstreifen gespeicherten Bearbeitungsinformationen führte zu einer bis dahin unerreichten Flexibilität der Fertigung.

Auf diesem Stand der Fertigung aufbauend können durch den Einsatz von Rechnern weitere Abschnitte des Informationsflusses automatisiert werden. Dazu übernimmt der Rechner die von der Fertigungsvorbereitung erstellte Information, speichert und verwaltet sie und gibt sie zeitgerecht an die Fertigungseinrichtungen aus. Weiterhin sind den aktuellen Betriebsablauf kennzeichnende Daten zu erfassen, aufzubereiten und der Fertigungsvorbereitung rückzumelden. Die mit diesem Aufgabenkreis zusammenhängenden Fragen sind in den Abschnitten 5 und 6 der vorliegenden Arbeit, die sich mit dem Aufbau von DNC-Systemen befassen, ausführlich zu diskutieren.

Der nächste Schritt der Automatisierung der Fertigung betrifft den Materialfluß in der Klein- und Mittelserienfertigung. Ziel ist es, den Arbeitsablauf für Teile, die in mehreren Stationen bearbeitet werden, zu automatisieren. Dazu ist es erforderlich, die einzelnen Maschinen durch Transporteinrichtungen zu verketten und an ein Lager anzuschließen. Dieses Konzept liegt der Entwicklung flexibler Fertigungssysteme zugrunde. Darin werden eine Reihe sich ergänzender und/oder ersetzender, numerisch gesteuerter Werkzeugmaschinen durch Einrichtungen zum Werkstücktransport so verkettet, daß jedes Werkstück auf allen für seine Fertigung notwendigen Maschinen bearbeitet werden kann.

Der gegenwärtige Stand der Technik auf diesem Gebiet, wie er z.B. auf dem 14. AWK-Aachener Werkzeugmaschinenkolloquim 1971 vorgetragen wurde und wie er aus der Literatur, z.B. [10], [11], [12], [13], [14] entnommen werden kann, ist gekennzeichnet durch eine Vielfalt von Entwürfen und ersten konstruktiven Lösungen. Daraus resultiert die Forderung, nun auch für diese Fertigungssysteme die geeigneten Steuerungssysteme zu entwickeln. Diese müssen alle automatisierten Stationen des Materialflusses überdecken und den gesamten Informationsfluß übernehmen. Entsprechend dem hohen Grad der Integration und Komplexität, Automatisierung und Flexibilität dieser Fertigungssysteme werden ihre Steuerungssysteme die gleichen Eigenschaften aufweisen müssen. Sie sind nicht mehr aus autarken, unabhängig voneinander betriebenen Einzelgeräten, sondern aus einem integrierten System von Funktionsbausteinen aufzubauen. Anhand der Ergebnisse, die mit der Untersuchung von DNC-Systemen gewonnen wurden, wird in Abschnitt 7 ein Steuerungssystem für flexible Fertigungssysteme entworfen.

4. Der Informationsfluß in der Fertigung

4.1. Die informationelle Verknüpfung der Fertigung

Die sachliche, zeitliche und örtliche Planung der Abläufe in der Fertigung wird in der Fertigungsvorbereitung durchgeführt. Der Informationsfluß zwischen Fertigung und Fertigungsvorbereitung (FV) umfaßt alle die Informationen, die zur Steuerung und Überwachung der geplanten Abläufe erforderlich sind. Zudem stellt die Fertigungsvorbereitung die informationelle Verknüpfung mit anderen Betriebsbereichen her: Zu Lager und Montage als den angrenzenden Bereichen des Materialflusses, zu Konstruktion und Rechnungswesen als den wichtigsten überlagerten Abteilungen, Bild 3.

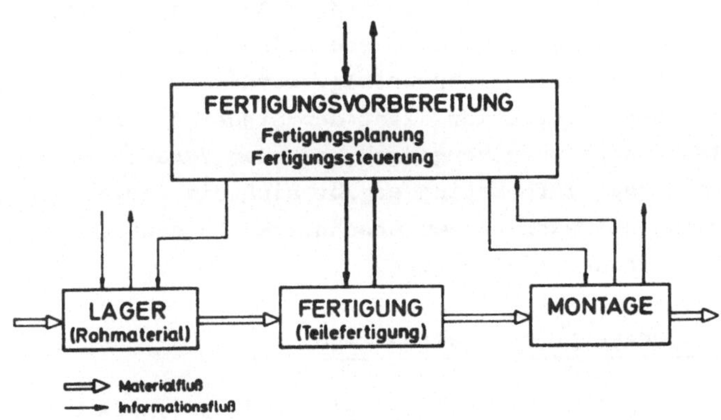

Bild 3 Verknüpfungen der Fertigung

Die Informationen, die zwischen FV und Fertigung ausgetauscht werden, können sowohl im Hinblick auf ihre Erstellung als auch auf ihre Verarbeitung in zwei Gruppen eingeteilt werden, in organisatorische und technische [15]. Unter dem Begriff technische Informationen werden alle die Daten zusammengefaßt, die die zu erzeugende Werkstückgeometrie und die Technologie der Bearbeitung betreffen; sie sind in den Arbeitsplänen niedergelegt. Die organisatorische Information betrifft den Durchlauf der in den Arbeitsplänen beschriebenen Fertigungsaufträge durch die Fertigung. Dazu werden Werkstück und Maschine einander zu einem bestimmten Zeitpunkt zugeordnet und Werkzeuge, Vorrichtungen, Hilfsstoffe und die Bearbeitungsinformationen bereitgestellt. Zur Überprüfung und Überwachung der Verarbeitung technischer und organisatorischer Informationen in der Fertigung ist es erforderlich, kennzeichnende Daten zu erfassen und an die FV rückzumelden.

Die Aufteilung in technische und organisatorische Information wird an der Nahtstelle zwischen Fertigungsvorbereitung und Fertigung durch die Informationsträger Arbeitsplan und Fertigungsablaufplan verdeutlicht. Diese Gliederung kann auch im Bereich der Fertigung weiterverfolgt werden: Die Verarbeitung der technischen Information dient der Steuerung und Überwachung des Bearbeitungsvorganges, aus der Verarbeitung der organisatorischen Information ergibt sich die Verwaltung, Steuerung und Überwachung der Abschnitte "Lagern" und "Transport" des Materialflusses.

4.2. Der technische Informationsfluß

Entsprechend der hauptsächlichen Zielsetzung dieser Arbeit wird im folgenden der Fluß der technischen Information kurz dargestellt. Dies ist hier notwendig, da darauf aufbauend seine Automatisierung durch den Einsatz von Rechnern zu diskutieren sein wird.

Die Verarbeitung der technischen Information umfaßt alle Schritte, um die Eingangsinformationen umzuformen zu Steuersignalen für Stellglieder, die an der Werkzeugmaschine in einen Energiefluß eingreifen und dadurch die gewünschte Funktion herbeiführen. Sie werden am Beispiel der numerischen Bahnsteuerung erläutert.

Bild 4 zeigt die Funktionsblöcke im Fluß der Steuerinformation. Die in der Fertigungsvorbereitung erstellten Arbeitsprogramme werden auf Lochstreifen gespeichert und in einer Bibliothek abgelegt. Aus diesem Speicher sind sie zu entnehmen, an die Maschinen zu transportieren und für die nachfolgende Verarbeitung bereitzustellen. Innerhalb der numerischen Steuerung sind 3 Funktionsblöcke zu unterscheiden: Die Dateneingabesteuerung übernimmt die bereitgestellten Daten und bereitet sie für die weitere Verarbeitung auf. Die geometrischen Daten werden in einem Funktionsblock zu Lagesollwerten verarbeitet, die den Lageregelkreisen der Maschinenachsen als Führungsgrößen vorgegeben werden. Die technologischen Daten werden in logischen Netzwerken zu Steuersignalen für Stellglieder der Maschine umgeformt.

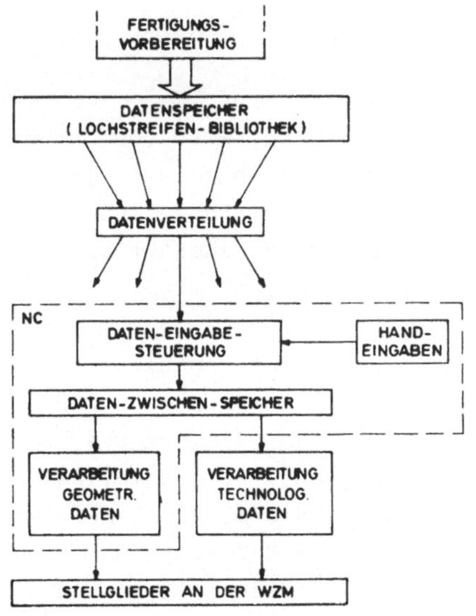

Bild 4

Technischer Informationsfluß in der Fertigung

4.2.1. Speicherung und Bereitstellung

Die Anzahl der abzuspeichernden Arbeitsprogramme entspricht der Anzahl der verschiedenen auf den einzelnen NC-Maschinen zu bearbeitenden Werkstücke. Die Programme müssen derart gespeichert und verwaltet werden, daß jederzeit möglichst kurzfristig zu ihnen zugegriffen werden kann und sie beliebig oft aufgerufen werden können. Ihr Transport und ihre Bereitstellung an der Maschine sind so vorzunehmen, daß die numerische Steuerung zu diesen Daten zugreifen kann. Bei konventioneller NC-Fertigung umfaßt dieser Abschnitt alle Einzelfunktionen von der Abspeicherung der Lochstreifen in der Bibliothek bis zum Einlegen des Streifens in den Lochstreifenleser der Steuerung.

Als weitere Aufgabe fällt die ständige Pflege der abgespeicherten Programme an. Pflege umfaßt hier zum einen Änderung und Korrektur, zum anderen Vorkehrungen gegen Beschädigung der Streifen und Störungen der empfindlichen Lochstreifenleser.

4.2.2. Verarbeitung

Die Funktionsblöcke der Maschinensteuerung, also von numerischer Steuerung mit Funktionssteuerung, werden anhand des Blockbildes 5 besprochen. Außer den o.g. sind ergänzend die Handeingaben, das Ablaufsteuerwerk und die Anzeigenausgabe aufgeführt.

Die Handeingaben sind entsprechend ihrer unterschiedlichen Wirkung in drei Gruppen aufgeteilt: Über die Eingabe für numerische Daten werden solche eingegeben, die der Ersetzung, Ergänzung und Korrektur der Lochstreifendaten dienen. Bedienfunktionen wirken auf die steuerungsinternen Abläufe ein. Die dritte Gruppe von Eingaben dient der Modifikation der Verarbeitung der eingegebenen Daten; dazu müssen die festverdrahteten, steuerungsinternen Programme modifiziert werden.

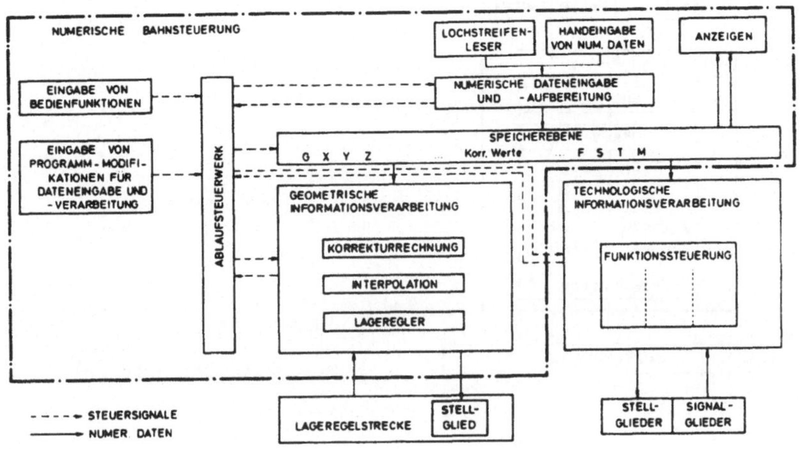

Bild 5 Funktionsblöcke einer numerischen Maschinensteuerung*)

Die Schritte der Verarbeitung der numerischen Daten im Eingabeblock einer Steuerung zeigt Bild 6. Je nach gewählter Betriebsart und angegebenem Eingabegerät werden die Daten übernommen, auf ihr Format geprüft, decodiert, und entsprechend ihrer Adressierung in fest zugeordneten Speichern abgelegt.

In manchen Steuerungen weist der Speicher zwei Ebenen auf. Durch die Zwischenspeicherung jeweils eines Satzes können Verarbeitung der aktuellen Daten und Aufbereitung des nächsten Satzes simultan ablaufen. Die Abläufe im Eingabeblock werden für einen Satz einmal angestoßen; sie erfordern nur einfache arithmetische Operationen.

---

*) G, X, Y, Z, F, S, T, M = Adressen für numerische Daten (DIN 66 025)

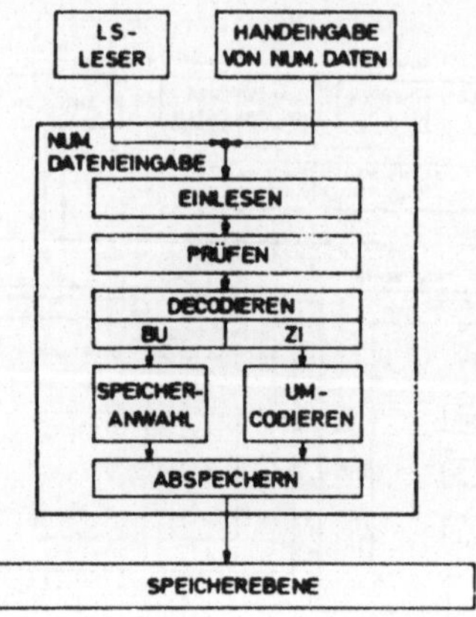

Bild 6

Numerische Dateneingabe

In Bild 7 sind die Schritte der Verarbeitung der geometrischen Daten dargestellt. Entsprechend der Angabe unter der Adresse G, die die Wegbedingung enthält, werden die unter X, Y, Z ... abgespeicherten Lagewerte mit den vorgegebenen Korrekturwerten bzw. nach vorgegebenen Korrekturvorschriften so umgerechnet, daß sie die gewünschte Relativlage zwischen Werkstück und Werkzeug beschreiben.

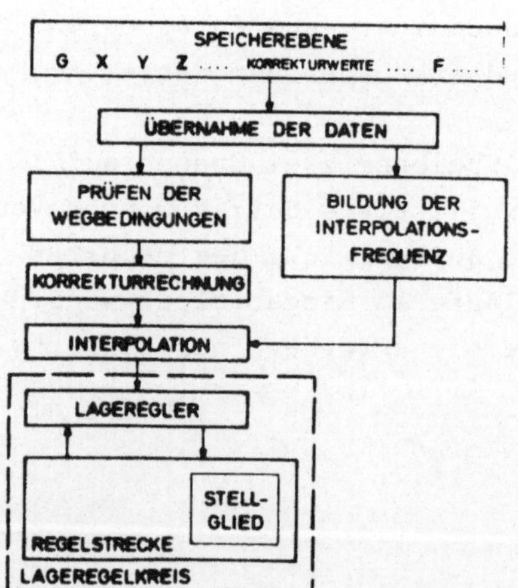

Bild 7

Schritte der geometrischen Informationsverarbeitung

Die korrigierten Werte werden dem Interpolator als Startwerte vorgegeben, über das G-Wort wird die zu interpolierende Funktion aufgerufen, z.B. Kreis oder Gerade. Die unter der Adresse F abgespeicherte Angabe bestimmt die Bahngeschwindigkeit.

Die zeitlichen und arithmetischen Forderungen an die geometrische Informationsverarbeitung hängen von mehreren Faktoren ab. Die Prüfung der Wegbedingung, die Korrekturrechnung und das Einrichten von Interpolator und Frequenzgenerator sind einmal pro Satz mit Wegangabe erforderlich. Die arithmetischen Ansprüche an die Korrektur hängen von ihrer Art ab. Für Translation und 90° - Drehung des Koordinatensystems sind nur Addition und Subtraktion erforderlich. Für Korrekturen, die wie die Fräserradiuskorrektur die Berechnung von Potenzen, Wurzeln und trigonometrischen Funktionen verlangen, werden Multiplikation und Division notwendig. Bei der Interpolation hängen arithmetische und zeitliche Forderungen ab von der Art der Interpolation und dem gewählten Rechenverfahren. Dies wird im folgenden kurz dargestellt.

Die Geschwindigkeit v_A, mit der eine Achse der Maschine verfährt, ergibt sich aus dem Produkt des interpolierten Weginkrements Δs und der Frequenz f der Lagewertvorgabe:

$$v_A = \Delta s \cdot f$$

Bei einer Interpolation in einem festen Wegraster wird Δs konstant gehalten; zur Erzeugung unterschiedlicher Geschwindigkeiten sind unterschiedliche Frequenzen zu bilden. Die andere Möglichkeit besteht darin, die Frequenz konstant zu halten; dabei müssen Weginkremente unterschiedlicher Weite interpoliert werden. Man kann dann von einer Interpolation im Zeitraster sprechen.

Bei den meisten heutigen Steuerungen wird mittels sogenannter DDA-Interpolatoren (von Digital Differential Analyser [17], [18]) in einem festen Wegraster interpoliert. Die Erzeugung einer Geraden und eines Kreises nach diesem Verfahren zeigt Bild 8.

Die arithmetischen Operationen in einem DDA beschränken sich auf Addition und Negation oder Subtraktion. Die zeitlichen Anforderungen sind dagegen hoch. Bei einer Inkrementweite von 1/100 mm ist bei einer Eilgangsgeschwindigkeit von 12m/min eine Überlaufrate von 20 000 s^{-1} zu erzeugen. Bei einer Bahngeschwindigkeit von 500 mm/min, die durch die simultane Bewegung in 3 Achsen erzeugt werden soll, ist - bei gleicher Geschwindigkeit in allen Achsen - eine Rate von 480 s^{-1} in jeder Achse erforderlich.

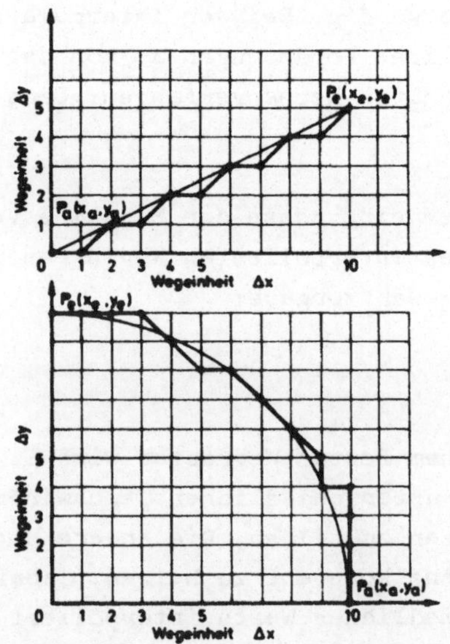

Bild 8
Interpolation im festen Wegraster [19]

Der Interpolation in einem festen Zeitraster liegt die Betrachtung der Lageregelkreise als Informationskanäle mit beschränkter Kapazität zugrunde [16]. Auf diese Kanäle läßt sich die Theorie der Abtastregelung anwenden. Danach kann die Übertragung einer stetigen Funktion - in diesem Fall die Lage der Werkzeugmaschinenachsen - ersetzt werden durch die Übertragung diskreter Funktionswerte in einem bestimmten Abtastintervall.

Zur Abschätzung des Abtastintervalls zieht SCHMID [16] das SHANNON'sche Abtasttheorem heran: Wenn das Spektrum eines Signals F(t) nur Frequenzen aus einem endlichen Band der Bandbreite B enthält, so genügt es, F (t) in Intervallen $\Delta t \leqq 1/2B$ abzutasten, um aus den abgetasteten Werten $F(n\Delta t)$ mit $n = 0, \pm 1, \pm 2, \ldots$ das vollständige Signal wiederzugewinnen.

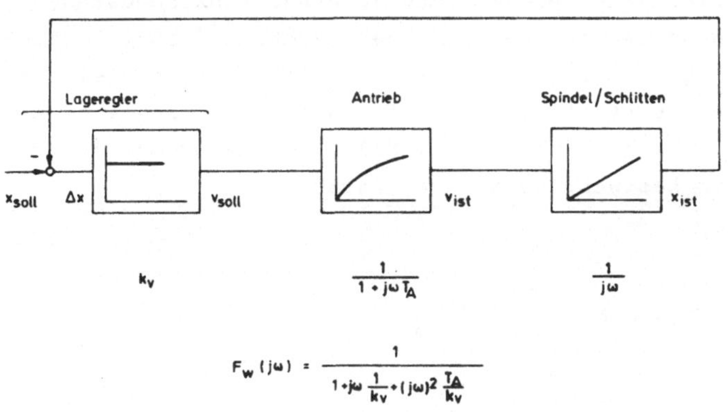

Bild 9 Blockschaltbild eines einfachen Lageregelkreises [20]

Bild 9 zeigt das Blockschaltbild eines Lageregelkreises. Mit üblichen Werten von $T_A = 12{,}5$ ms und $k_v = 50\ s^{-1}$ ergibt sich die Kennkreisfrequenz zu

$$\omega_0 = \sqrt{\frac{k_v}{T_A}} \approx 63\ s^{-1}$$

Eine Abschätzung der Tastperiode nach dem Abtasttheorem ergibt für diesen Lageregelkreis ein minimales Δt von ca. 50 ms bzw. eine Tastfrequenz von ca. 20 Hz. Dieser Wert kann jedoch nur als untere Grenze für die Abtastung herangezogen werden, da im Abtasttheorem Einschwingvorgänge nicht berücksichtigt werden und kein ideales Tiefpaßverhalten realisiert werden kann. In [21] wird ein Wert von 50 Hz genannt, in [22] wird eine Tastfrequenz von 100 Hz angegeben, die über ein nachgeschaltetes Halteglied geglättet wird.

Die Verarbeitung der technologischen Informationen erfolgt in Funktionssteuerungen. Diese generieren aus einem Signal für eine Maschinenfunktion die zu ihrer Erzeugung erforderlichen Stellsignale. Die Abläufe in einer Funktionssteuerung, die einer numerischen Steuerung nachgeschaltet ist, lassen sich in mehrere logische Schritte aufteilen. Diese seien am Beispiel der Funktionssteuerung für die Hauptspindeldrehzahl einer Drehmaschine dargestellt, Bild 10. Die Drehzahl wird dabei über ein Lastschaltgetriebe erzeugt.

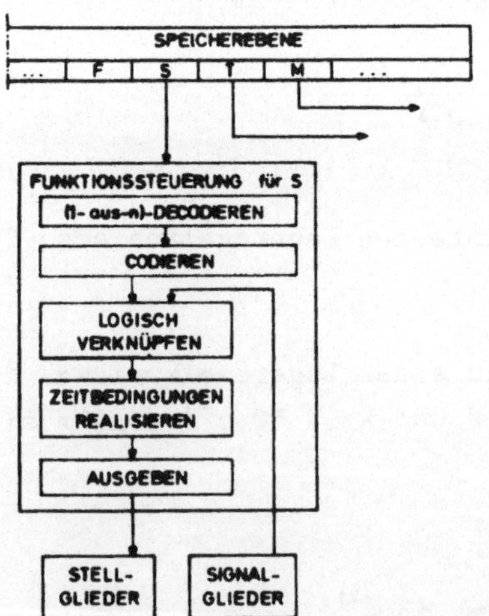

Bild 10

Logische Stufen der Funktionssteuerung einer Hauptspindeldrehzahl

Der in der Speicherebene der numerischen Steuerung unter S verschlüsselt abgelegte Wert wird zunächst nach einem (1-aus-n)-Modus decodiert. Daraus wird in einen Code gewandelt, in dem jeder Stelle ein Stellglied zugeordnet ist, in diesem Fall ist es der sog. Kupplungscode. Die weitere Verarbeitung erfolgt getrennt für jedes einzelne Stellglied in parallelen Zweigen des logischen Netzwerkes.

Die zeitlichen Forderungen an die Funktionssteuerung sind unterschiedlich für die einzelnen Stufen. (1-aus-n)-Decodierung und Codierung in den Kupplungscode sind einmal in den Sätzen erforderlich, die ein S-Wort enthalten. Die logische Verknüpfung mit den Eingangsvariablen von Signalgliedern an der Maschine muß jedoch ständig vorgenommen werden. Bei jeder Änderung eines dieser Eingänge, die zu zufälligen Zeitpunkten eintreten können, muß die Schaltfunktion im Bereich von Millisekunden neu errechnet werden.

4.2.3. Logische Ebenen der technischen Informationsverarbeitung

Im vorhergehenden Abschnitt wurden die einzelnen logischen und arithmetischen Operationen der Verarbeitung technischer Information in der Fertigung in der Reihenfolge ihres Ablaufs untersucht. Dabei wurden sie jeweils bestimmten Funktionsbereichen zugeordnet. Untersucht man diese Bereiche im Hinblick auf ihren logischen Gehalt, ihre Funktion und ihren Rang innerhalb des Informationsflusses, so lassen sie sich in verschiedene Ebenen einordnen, Bild 11.

In der obersten Ebene liegt die Datenverteilungssteuerung. Diese speichert und verwaltet die Arbeitsprogramme und stellt sie auf Anforderung an den nachgeordneten Programmsteuerungen bereit. Die Datenverteilungssteuerung kann für mehrere Programmsteuerungen arbeiten.

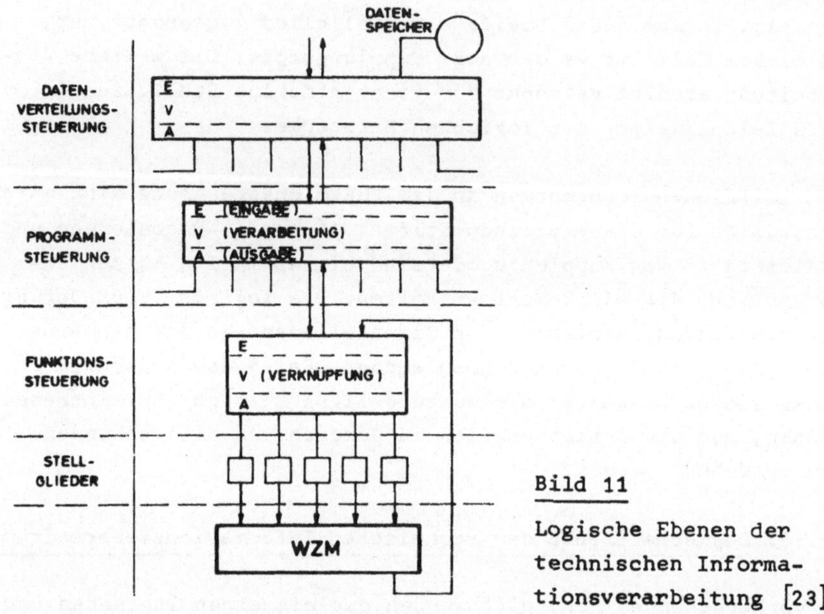

Bild 11

Logische Ebenen der technischen Informationsverarbeitung [23]

Die Programmsteuerung zerlegt das Arbeitsprogramm in eine Folge von Arbeitsschritten. Jeder dieser Arbeitsschritte wird durch eine Mehrzahl von Einzelfunktionen gebildet. Der Programmsteuerung ist die Funktionssteuerung nachgeordnet, die jeweils die Funktionen eines Arbeitsschrittes realisiert. Dabei können diese Funktionen durch ein oder durch das Zusammenwirken mehrerer Stellglieder erzeugt werden.

Am Ende dieser Kette in der Verarbeitung der Steuerinformation stehen die Stellglieder, die durch Eingriff in den Energiefluß die gewünschte Steuerfunktion an den Maschinen herbeiführen.

5. Der Einsatz von Digitalrechnern zur Automatisierung des Informationsflusses in der Fertigung

5.1. Möglichkeiten zur Einordnung des Rechners

Aufbauend auf den Untersuchungen des vorausgegangenen Abschnittes 4 sind in Bild 12 die Informationsflüsse in der Fertigung zusammenfassend dargestellt. Ihre Automatisierung muß sich aufgrund der großen Informationsmengen und deren Vielfalt schrittweise vollziehen. Dazu werden automatisierte Abschnitte aus der Fertigung und aus benachbarten bzw. übergeordneten Betriebsbereichen aufeinander aufbauend durch den Einsatz von Rechnern in größere Systeme einbezogen. Gesichtspunkte, nach denen diese Abschnitte des Informationsflusses ausgewählt werden, sind: Welche automatisierten Bereiche des Materialflusses können durch Einsatz eines Rechners informationell verknüpft werden? Welche Abschnitte des Informationsflusses aus Fertigung und anderen Betriebsbereichen lassen sich koppeln? Wo sind die größten Informationsmengen zu verarbeiten? Wo läßt sich ein maximaler Rationalisierungseffekt erzielen?

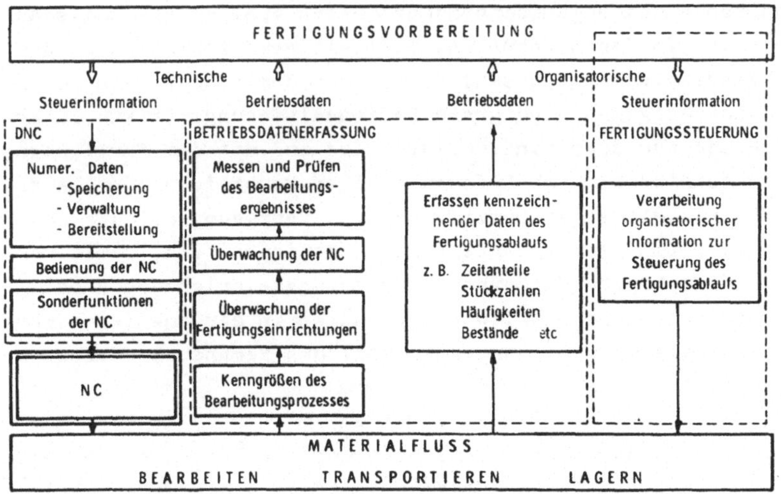

Bild 12 Informationsflüsse in der Fertigung

Die aus diesen Überlegungen resultierenden Schritte der Automatisierung des Informationsflusses sind in Bild 12 ebenfalls dargestellt. Die numerisch gesteuerte Werkzeugmaschine stellt einen automatisierten Abschnitt des Material- und Informationsflusses dar, die zur NC zu übermittelnde Informationsmenge ist groß und in der Fertigungsvorbereitung sind Abschnitte der Erstellung dieser Information bereits automatisiert, z.B. durch rechnergestützte Programmiersysteme wie das EXAPT-System [24]. Hieraus ergibt sich die informationsschlüssige Kopplung von FV und NC durch DNC-Systeme als erster Schritt, der den Fluß der technischen Information in die Fertigung hinein automatisiert. Bezogen auf Abschnitt 4 werden damit die Funktionen Datenspeicherung, -verwaltung und -bereitstellung auf den Rechner übernommen. Der Ausbau dieser Stufe wird zu einem automatischen Betrieb der NC führen, in dem der Rechner zunehmend Aufgaben des Bedienungspersonals übernimmt. Ebenso können in der NC nicht realisierte Funktionen vom Rechner wahrgenommen werden.

Als zweiter Schritt ist die Ableitung aktueller Betriebsdaten aus der Fertigung zu nennen. Die Erfassung, Aufbereitung und Weitergabe der den aktuellen Betriebsablauf kennzeichnenden technischen und organisatorischen Daten stellen ebenfalls Aufgaben dar, in denen große und vielfältige Informationsmengen durchgesetzt werden müssen. Gerade aus dem Einsatz von Rechnern für diese Aufgaben sind große Rationalisierungseffekte zu erhoffen, da nur über eine vollständige und mit dem Fertigungsprozeß schritthaltende Erfassung aller kennzeichnenden Daten die Möglichkeit einer Optimierung des Fertigungsablaufs gegeben ist. Eine verbesserte Fertigungsdisposition, damit verbunden eine höhere Nutzung der Fertigungseinrichtungen bei kürzerem Teiledurchlauf, wird vor allem in der amerikanischen Literatur als entscheidender Vorteil des Rechnereinsatzes hervorgehoben [25], [26].

Der weitere Ausbau der Automatisierung des Informationsflusses wird die Bereiche Transportieren und Lagern des Materialflusses einbeziehen und nach der Erfassung von Betriebsdaten zunehmend auch die Einleitung und Verarbeitung organisatorischer Informationen in die Fertigung vorsehen. Auf diesem Weg zu einem vollständig automatisierten Fertigungsablauf wird es aber erforderlich, für Fertigung und Fertigungssteuerung ein geschlossenes, integriertes Informationssystem aufzubauen.

Der gegenwärtige Entwicklungsstand der DNC-Systeme ist gekennzeichnet durch eine Reihe von Entwürfen, die in der Literatur vorgestellt wurden und in denen sehr unterschiedliche Lösungen vorgeschlagen werden [22] , [25] , [26] , [27] , [35] Es ist deshalb erforderlich, die verschiedenen Einflußgrößen des Entwurfs und die grundsätzlichen Möglichkeiten des Aufbaus in diesem Abschnitt zu untersuchen. Wie sich zeigen wird, kann nur durch eine gute Anpassung an die jeweilige Fertigungsaufgabe ein hoher wirtschaftlicher Erfolg sichergestellt werden. Die allgemeinen Aussagen dieses Abschnittes werden ergänzt durch die Vorstellung und Diskussion eines DNC-Systems, das ebenfalls im Rahmen dieser Arbeit entwickelt und in die Fertigung eingeführt wurde.

Werden DNC-Systeme als ein Schritt im Zuge einer fortschreitenden Automatisierung gesehen, so ist bei ihrem Aufbau der nachfolgende Schritt, nämlich eine umfassende Betriebsdatenerfassung, mitzuberücksichtigen. So werden nachfolgend auch von dieser Aufgabe ausgehende Einflüsse beleuchtet. Unter dem Fernziel eines integrierten Informationssystems sind die systemtechnischen Gesichtspunkte als übergeordnete Richtlinien für DNC und Betriebsdatenerfassung zu beachten.

5.2. DNC-Systeme für konventionelle numerische Steuerungen

5.2.1. Struktur der DNC-Systeme

Der prinzipielle Aufbau eines DNC-Systems ist in Bild 13 dargestellt. Auf dem Großspeicher Magnetplatte oder -trommel eines Prozeßrechners sind alle NC-Programme abgelegt, die im betrachteten Zeitraum für die angeschlossenen Maschinen benötigt werden. Der Prozeßrechner, der diesen Speicher verwaltet, ist in der Lage, auf Anruf das geforderte NC-Programm abschnittsweise in seinen Arbeitsspeicher zu übernehmen. Die Ausgabe der Daten aus dem Rechner an die NC erfolgt über ein Prozeßelement in dem von der NC geforderten Format, also meistens zeichenweise pro Satz. Das Prozeßelement bietet nach außen den Inhalt von Arbeitsspeicherzellen als Binärmuster an; die Binärmuster sind entsprechend dem Code der NC-Programme aufgebaut. Gleichzeitig werden die Ausgänge des Prozeßelements auf ein ausreichend störsicheres Leistungsniveau angehoben. Ein Sender S paßt die Ausgangssignale des Prozeßelements in Frequenz und Leistung an die Eigenschaften der Übertragungsstrecke an. Auf der Steuerungsseite werden die ankommenden Signale von einem Empfänger E auf das Niveau der NC umgesetzt. Die Übertragung weiterer Signale in beiden Richtungen erfolgt analog zur Übertragung der Steuerdaten.

Solange es sich bei den angeschlossenen Steuerungen um vollständige, autark betriebsfähige handelt, die vom Rechner überwiegend Steuerdaten bekommen, spricht man von DNC-Systemen, die im BTR-Modus arbeiten (BTR von Behind the Tape Reader). Der Datenträger Lochstreifen und das Eingabegerät Lochstreifenleser werden dabei ersetzt durch den Datenträger Magnetspeicher und das Eingabegerät Rechner.

Prinzipiell gleich ist der Aufbau von DNC-Systemen mit Steuerungen, die speziell für den Betrieb mit Rechnern entworfen sind. Auf diese wird hier nicht eingegangen, da sie zum Teil

Gegenstand des Abschnittes 7 dieser Arbeit sind.

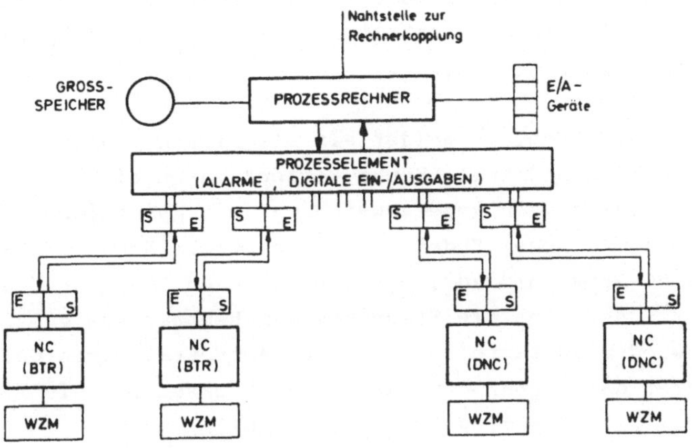

Bild 13 Struktur von DNC-Systemen

Die Bedienung des DNC-Systems und die Ein- und Ausgabe (E/A) von Daten ist über die peripheren E/A-Geräte des Rechners möglich. Durch die bei den meisten heutigen Rechnern vorhandenen Einrichtungen zur Rechnerkopplung lassen sich DNC-Systeme in größere Informationssysteme einbeziehen.

Bild 14 zeigt am Beispiel des in Abschnitt 6 beschriebenen DNC-Systems den Signalverkehr zwischen Rechner und NC. Über eine Eingabestation wird die Nummer des gewünschten NC-Programmes dem Rechner angeboten, mit dem Signal "Programm-Nummer Einlesen Start" wird eine Eingaberoutine im Rechner angestoßen. Über zwei Ausgabesignale quittiert der Rechner diese Eingabe. War die Programm-Nummer richtig codiert, und ist das gewünschte Programm im Großspeicher enthalten, so wird mit "Programm-Nummer Richtig" quittiert, im anderen Fall mit "Programm-Nummer Falsch". Mit dem Signal "Datenausgabe Start"

- es entspricht im Lochstreifenbetrieb dem Signal "Leser Start" - wird jeweils ein neuer NC-Satz vom Rechner abgerufen. Auf den Datenleitungen werden die Daten in der gleichen Weise wie vom Lochstreifenleser angeboten. Ein Taktsignal triggert ihre Übernahme durch die NC.

Das Signal "Syntax Fehler" meldet ein als falsch codiert erkanntes Zeichen, das Signal "Servo Fehler" zeigt ein Überschreiten der zulässigen Regelabweichung im Lageregelkreis an und das Signal "Programm Ende" tritt nach vollständiger Abarbeitung des NC-Programms auf. Mit den Signalen "NC Start" und "Halt am Satzende" kann die Steuerung vom Rechner aus gestoppt und wieder gestartet werden. Bei Auftreten eines Codefehlers bietet das Signal "Syntax Fehler Rücksetzen" die Möglichkeit, die Datenübertragung zu wiederholen.

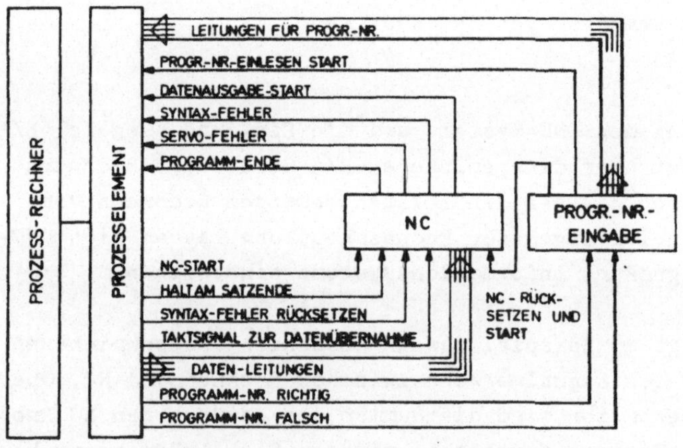

Bild 14 Signalverkehr in einem DNC-System

Es ist bemerkenswert, daß mit diesem knappen Signalverkehr zwischen Rechner und NC bereits ein automatischer Betrieb der

NC bei störungsfreiem Lauf realisiert werden kann. Bei Anschluß einer Echtzeituhr an den Rechner läßt sich aus den genannten Signalen und Daten ein Protokoll über die gefertigten Werkstücke, Störungen und Stillstandszeiten ableiten.

5.2.2. Elemente der DNC-Systeme

Die wesentlichen Elemente eines DNC-Systems, die mit ihren spezifischen Eigenschaften die Arbeitsweise des Gesamtsystems beeinflussen, sind:

Großspeicher
Zentraleinheit
Ein/Ausgabeeinheit
Datenübertragungsstrecke und die
Numerischen Steuerungen.

Diese Elemente werden im folgenden im Hinblick auf ihren Einsatz in DNC-Systemen kurz diskutiert. Da die Software die Hardwareeigenschaften der Rechenanlage ergänzt, sind auch Fragen des Betriebssystems und der Anwenderprogrammierung anzusprechen.

Die üblichen Großspeicher für Prozeßrechner sind in Bild 15 einander in einigen ihrer Eigenschaften gegenübergestellt.

Speicherart	Speicherkapazität [K Byte]*)	mittlere Zugriffszeit [ms]	Speicherkosten [DM/Byte]
Magnettrommel	200...800	10...30	0.25...0.75
Magnetplatte	4800...5400	80...300	0.02...0.04
Magnetband	20000...30000	190000 [700m Band]	0.008

Bild 15 Gegenüberstellung üblicher Großspeicher für Prozeßrechner [27]

*) 1 Byte = 8 bit

Neben den genannten Kriterien Kapazität, Zugriffszeit und Kosten sind Übertragungsrate, Adressierung und Blockgröße, d. h. kleinste adressierbare Speichereinheit, sowie die gerätetechnische Eignung zu berücksichtigen. Gerätetechnische Eignung bezieht sich hier einerseits auf die Auslegung des Zugriffsmechanismus - Positioniereinrichtung bei Platte und Laufwerk bei Band - für einen Betrieb, der ständigen wahlfreien Zugriff zum Speicher verlangt. Andererseits beeinflussen die Umweltvorschriften den Aufstellungsort. Jedes Gerät stellt bestimmte Forderungen hinsichtlich Umgebungstemperatur, Luftreinheit und -feuchtigkeit sowie Erschütterungsfreiheit.

Zur Beurteilung der Zentraleinheit eines Prozeßrechners sind hauptsächlich vier Punkte von Bedeutung: Die Rechenkapazität, das Unterbrechungssystem, die Art und Anzahl der Nahtstellen und die Frage der Erweiterungsfähigkeit durch Ausbau der Zentraleinheit oder durch Übergang auf kompatible Modelle einer Rechnerfamilie.

Zu einer Aussage über die Rechenkapazität werden Wortlänge, Zykluszeit, Befehlsumfang, Anzahl der Rechen- und Indexregister, Adressierung sowie minimaler und maximaler Arbeitsspeicherausbau herangezogen. Es ist hier außerordentlich wichtig, sich über die arithmetischen Anforderungen ein klares Bild zu verschaffen, da diese einen wesentlich stärkeren Einfluß als die logischen Operationen auf die zu erbringende Rechenkapazität haben. Ein ausführlicher Überblick über die auf dem Markt befindlichen Prozeßrechner ist in [28] und [29] enthalten.

Bei Unterbrechungssystemen sind software- und hardware-orientierte zu unterscheiden. Software-orientierte Unterbrechungssysteme lösen die Interrupts oder Alarme durch ein Programm auf und ordnen sie Funktionsprogrammen zu. Durch die Prioritätssteuerung des Ablaufs der Funktionsprogramme wird die Reihenfolge der Alarmbearbeitung festgelegt. Diese software-orientierten Unterbrechungssysteme sind außerordentlich flexibel. Sie erlauben eine leichte und schnelle Änderung der Alarm- und Prioritätenzuordnung und die Bearbeitung einer nahezu beliebigen Anzahl von Alarmen. Ihr Nachteil liegt in der geringen Geschwindigkeit der Alarmauflösung. Programmieraufwand und Programmlänge sind dagegen nicht erheblich.

Hardware-orientierte Unterbrechungssysteme weisen die Interrupts bestimmten Programmebenen zu, wobei die Prioritäten den Ebenen fest zugeordnet sind. Jede Programmebene verfügt über eigene Register, so daß Programmwechsel ohne Rücksicht auf momentane Registerinhalte möglich sind. Der Vorteil dieser Systeme liegt in ihrer Geschwindigkeit, von Nachteil ist der hohe Hardware-Aufwand, der vom Rechnerhersteller festgelegt wird und nicht an die speziellen Bedürfnisse des Anwenders angepaßt werden kann.

Bei den Nahtstellen oder Kanälen wird zwischen programmgesteuerten und solchen mit direktem Kernspeicherzugriff unterschieden. Für Magnetgroßspeicher sind aufgrund der hohen Übertragungsraten direkte Kanäle erforderlich, diese sind ebenfalls bei Rechnerkopplung im Nahbereich von Vorteil.

Für die Auswahl eines Rechners ist mitentscheidend, wie er ausgebaut werden kann. Hierbei ist der Ausbau des Arbeitsspeichers, die Erweiterung der Rechenkapazität durch Arithmetik-Zusätze und die Erweiterung der Nahtstellen evtl. durch Multiplexer von Bedeutung. Eine andere Möglichkeit besteht im Übergang auf ein größeres Modell der gleichen Rechnerfamilie. Die Anlagen sind dabei meistens auf Assembler-Ebene aufwärtskompatibel.

In DNC-Systemen werden im Verkehr mit numerischen Steuerungen nur digitale Signale ausgetauscht. Je nach Größe der Anlage werden die Ein-/Ausgaben entweder über vollständige Prozeßelemente oder Verkehrsverteiler abgewickelt, die eine große Anzahl von digitalen Ein- und Ausgängen (DE, DA) anbieten, oder dem Anwender wird direkt der Zugang zur E/A-Schiene der Zentraleinheit gestattet. In diesem zweiten Fall kann die E/A-Einheit wortweise auf- und ausgebaut werden, während im ersten Fall eine festgelegte, meist sehr große Grundeinheit - die Prozeßelementsteuerung - eingesetzt werden muß.

Abhängig von Übertragungsgeschwindigkeit und Länge der Übertragungsstrecke sind serielle und parallele Gleich- und Wechselstromübertragung möglich. Ein besonderes Problem stellt in DNC-Systemen die Störsicherheit dar. Wegen der großen Verbraucher elektrischer Leistung in Fertigungshallen und die damit verbundenen Störungen muß die Übertragungsgeschwindigkeit zwischen Rechner und NC auf eine Größenordnung reduziert werden, die weit unter der internen Arbeitsgeschwindigkeit der Rechner liegt.

Für die Ankopplung an einen Rechner sind die elektrischen Kennwerte der numerischen Steuerung und ihre interne Arbeitsgeschwindigkeit von Bedeutung. Die Arbeitsgeschwindigkeit betrifft sowohl die maximale Einleserate für Daten wie auch die Zykluszeit für die Verarbeitung von Wegangaben. Bei Bahnsteuerungen ist zusätzlich das Vorhandensein eines Zwischenspeichers als Puffer für jeweils einen NC-Satz von Einfluß.

Für den Einsatz von Rechnern im Echtzeitbetrieb*) sind vor allem die Fähigkeiten des Betriebssystems von Bedeutung: Der Umfang der Prioritätssteuerung für den Simultanlauf mehrerer Programme (PR), die Organisation der Simultanarbeit externer Geräte, die Alarmauflösung, Standard-Fehlerprogramme und der Bedienungskomfort des Systems. Wesentlich ist ebenfalls die Frage der Anwender-Programmierung. In [30] und [31] werden in FORTRAN geschriebene, compilierte Prozeßrechner-Programme hinsichtlich Arbeitsspeicherbedarf und Rechenzeit mit in Assembler-Sprache geschriebenen verglichen. Danach liegt das Verhältnis hinsicht-

---

*) Echtzeit = Real Time

lich Länge und Laufzeit bei etwa 1:4 zugunsten der Assembler-Programmierung. Da Programme in Prozeßrechnern fester Bestandteil der Anlagen sind und nur bei Änderung des Prozesses geändert werden, ist eine Optimierung der Programme für den wirtschaftlichen Einsatz der Rechner außerordentlich wichtig. Bild 16 gibt einen Überblick über den Aufbau eines Prozeßrechensystems.

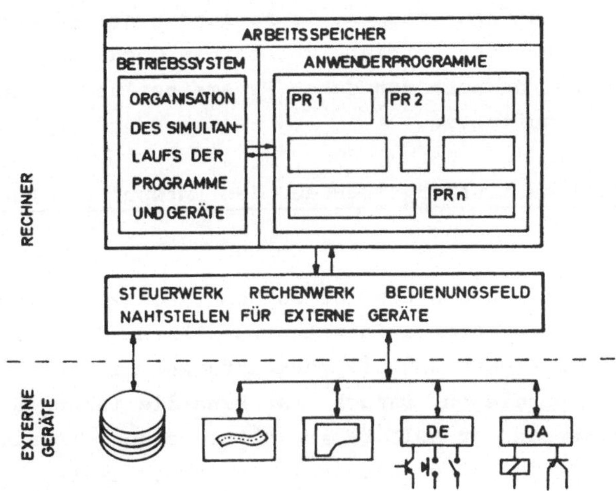

Bild 16 Elemente eines Prozeßrechensystems

Der Einsatz von Prozeßrechnern zur Steuerung und Überwachung einer größeren Anzahl kapitalintensiver NC-Maschinen ist nur dann sinnvoll, wenn die Zuverlässigkeit der Rechenanlage wesentlich höher liegt als die der angeschlossenen Fertigungseinrichtungen. In [32] wird über Betriebserfahrungen mit 6 Prozeßrechenanlagen berichtet, für die über einen längeren Zeitraum ein Störungsbuch geführt wurde. Danach erreichten neuere Anlagen Verfügbarkeiten von > 99,9 % bei mittleren störungsfreien Betriebszeiten (MTBF) von 2000...3000 h, d.h. von ca. 80...120 Tagen. Weiterhin ist festzustellen, daß die Zuverlässigkeit der Anlagen innerhalb der geplanten Betriebsdauer mit zunehmender Betriebszeit steigt. Diese Werte erlauben es heute, verfahrenstechnische Großanlagen mit einem Rechensystem zu betreiben; es steht außer Frage, daß diese Werte für den Stückprozeß der Fertigungstechnik ebenfalls ausreichen.

Die Besprechung der für den DNC-Einsatz wichtigen Elemente und Eigenschaften von Prozeßrechenanlagen ergab eine große Vielfalt möglicher Anlagenkonfigurationen. Im folgenden sollen nun die Einflüsse von seiten des Betriebs und seiner Organisation untersucht werden, da auch von daher Parameter für den Entwurf von DNC-Systemen auftreten.

5.2.3. Betriebliche Einflußgrößen auf den Entwurf von DNC-Systemen

Beim Entwurf eines DNC-Systems ist zunächst seine Einordnung in den betrieblichen Informationsfluß zu klären, d.h. die zu übernehmenden Funktionen und die Verknüpfungen mit der Systemumgebung sind festzulegen. Danach erst kann die innere Struktur und die Organisation der Abläufe gestaltet werden. In Bild 17 sind die von außen, von der betrieblichen Systemumgebung her einwirkenden Größen zusammengefaßt.

Die grundsätzlichen Möglichkeiten zur Einordnung des Rechners wurden unter 5.1. bereits genannt. Die sich daraus ergebende Gesamtfunktion des Systems läßt bereits erste Schlüsse zu auf seinen prinzipiellen Aufbau sowie auf den Rahmen der geforderten Hardware- und Software-Leistungen.

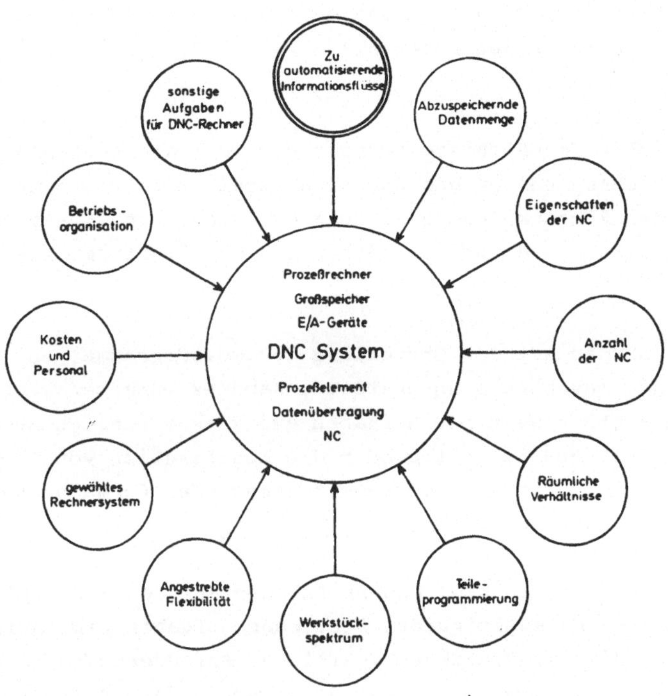

Bild 17 Äußere Einflußgrößen des Entwurfs von DNC-Systemen

Weitere Punkte spezifizieren die Einzelansprüche, So bestimmen die Menge der abzuspeichernden Daten, ihre Verwaltung und Bearbeitung zusammen mit den zeitlichen Anforderungen des Zugriffs zu ihnen die Art, Größe und Anzahl der Externspeicher. Hierfür ist auch die Frage zu prüfen, ob das DNC-System autark arbeitsfähig sein muß oder ob durch die Kopplung mit einem übergeordneten Rechensystem Teile der Datenspeicherung auf dieses verlagert werden können,

Die elektrischen und zeitlichen Kennwerte der NC bestimmen die

Art der Datenausgabe und die Dimensionierung der Übertragungsstrecke. Diese für die Organisation des Datenflusses sehr wichtigen Punkte werden unter 5.2.4. und 5.2.5. näher beleuchtet.

Die räumlichen Verhältnisse betreffen sowohl die Entfernungen zwischen Rechner und NC und der NC untereinander wie auch die Umgebung der Rechenanlage hinsichtlich Temperatur, Staub und Luftfeuchtigkeit und mögliche Störungen der Übertragungsstrecke.

Abhängig von der Art der Erstellung der NC-Programme, ob manuell oder maschinell unterstützt, kann es wünschenswert sein, den Rechner auch für Aufgaben aus diesem Bereich heranzuziehen. Test und Korrektur oder die Modifikation von Programmen wie auch einfache Codeumsetzungen oder Formatprüfläufe kommen dafür in Frage.

Das Werkstückspektrum bzw. das Profil der auf den angeschlossenen Maschinen zu bewältigenden Fertigungsaufgaben gibt Aufschluß über die tatsächlichen zeitlichen Anforderungen an den Rechner. Ausgangspunkt aller Überlegungen zu dieser Frage der Zeiten müssen die technologisch geforderten Werte der Werkstückbearbeitung sein. Wenn aufgrund dieser Betrachtung nachfolgend eine "worst case"-Dimensionierung der Datenversorgung der NC gefordert wird, so ist darunter eine zeitliche Bedienung zu verstehen, die unerwünschte Veränderungen der Bearbeitungstechnologie verhindert. Der "worst case" der Fertigung ist die Produktion von Ausschuß, nicht aber eventuelle Wartezeiten der NC, die ohne Einfluß auf das Arbeitsergebnis bleiben. Die Anforderungen von seiten des Bearbeitungsprofils der Werkstücke stellen einen entscheidenden Parameter des Aufbaus von DNC-Systemen dar.

Das erwünschte Maß an Flexibilität hinsichtlich Auf-, Aus- und Umbau des Systems sowie die Möglichkeiten seiner Anpassung an zukünftige Aufgaben sind weitere externe Einflußgrößen.

Von den vielen möglichen Eigenschaften von Prozeßrechenanlagen findet sich beim einzelnen Fabrikat jeweils nur eine Untermenge. Durch die Wahl einer bestimmten Anlage wird also die Zahl der möglichen Alternativen im Entwurf eingeschränkt. Dies gilt sowohl für den Bereich der Anlagenhardware und -software wie auch für die Anwenderorganisation.

Die Höhe der erforderlichen Investitionen, die Verfügbarkeit von Personal für Programmierung und Bedienung des Systems, die wechselseitigen Wirkungen zwischen Betriebsorganisation und DNC-System sind weitere wichtige Kriterien. In diesem Zusammenhang muß auch die Frage beantwortet werden, inwieweit betriebseigenes Personal am Entwurf des DNC-Systems beteiligt werden soll. In Anbetracht der zahlreichen Einflüsse, die vom Betrieb ausgehen, scheint dies unumgänglich.

Als weitere Größe wird in Bild 17 die Übernahme DNC-fremder Aufgaben auf den Rechner genannt. Wenn die Kapazität des Systems dies erlaubt, so kann auch durch off-line Aufgaben eine höhere Nutzung und damit eine verbesserte Wirtschaftlichkeit erzielt werden.

5.2.4. Innere Abläufe und Organisation

Die Vielzahl von zumeist betriebsspezifischen Einflußgrößen, die in gegenseitiger Wechselwirkung stehen, weist darauf hin, daß es nicht möglich ist, mit einer einzigen Konzeption eines DNC-Systems zu wirtschaftlichen Lösungen zu kommen. Es bedarf vielmehr solcher Lösungen, die die spezifischen Eigenschaften der zu automatisierenden Fertigung berücksichtigen, um wirtschaftlich wie technisch optimale Systeme zu erreichen. Einige Schwerpunkte in ihrer Gestaltung lassen sich jedoch erkennen, für die im folgenden die Bestimmungsgrößen und die alternativen Lösungen skizziert werden.

Ein erster Punkt betrifft die Verwaltung der NC-Programme auf dem Großspeicher. Sind in ein DNC-System 20 bis 50 NC einbezogen und sind für jede dieser Steuerungen in einem autarken Rechensystem ca. 20 Programme abzuspeichern, so ist nicht nur ein genügend großer Speicher einzusetzen, sondern auch die Verwaltung von ca. 1000 Dateien zu bewältigen. Die dazu erforderlichen Großspeicher, z.B. Magnetplattenspeicher mit einigen Mio. Byte Kapazität, lassen sich nur an größere Rechner anschließen. Bei diesen übernimmt das Betriebssystem die Verwaltung des Großspeichers. Betriebssysteme von Prozeßrechnern sind aber nicht in der Lage, eine so große Anzahl von Dateien zu verwalten; außerdem erfolgt die Dateiverwaltung durch ein Betriebssystem unter den Gesichtspunkten der Gleichberechtigung aller Dateien und häufig des maximalen Komforts ihrer Bearbeitung durch den Anwender. Es ist also erforderlich, bei Systemen der genannten Größe eine vom Betriebssystem unabhängige, auf den Spezialzweck zugeschnittene Dateiorganisation zu erstellen. So ist eine erste Einschränkung in der Anzahl anschließbarer Maschinen in der Menge der abzuspeichernden Daten, der dazu erforderlichen Großspeicher und dem Aufwand für deren Verwaltung zu sehen.

Ein zentrales Problem der DNC-Systeme stellt die Organisation des Datenflusses vom Großspeicher zu den NC-Maschinen dar. Bild 18 zeigt die grundsätzlichen Möglichkeiten. In den Bildteilen A und B werden die Daten vom Großspeicher mit einer Zugriffszeit, die größer ist als die maximal zulässige Wartezeit der NC zwischen zwei Sätzen, in den Arbeitsspeicher (ASP) übernommen. Im Fall A werden die Daten direkt aus dem Arbeitsspeicher an die NC übertragen, im Fall B werden die Daten im Prozeßelement nochmals zwischengespeichert und dann unabhängig von den Abläufen im ASP übertragen. Im Fall C werden die aktuell bearbeiteten NC-Programme von einem Großspeicher hoher Kapazität und hoher Zugriffszeit auf einen kleineren Externspeicher mit sehr kurzer Zugriffszeit umgespeichert, z.B. von einem Magnetband auf eine Magnettrommel; sie liegen dann bzgl. der Zugriffszeit in einem Vorzugsbereich. Von diesem Vorzugsbereich werden immer nur die Daten in den ASP übernommen, für die ein Ausgabeaufruf vorliegt. Nach ihrer Ausgabe wird der Arbeitsspeicherbereich zu ihrer Pufferung für die Steuerdaten einer anderen Maschine wieder freigegeben. Abhängig vom Verhältnis der Zugriffszeit zum Externspeicher zur Ausgabezeit aus dem Kernspeicher können mehrere Zwischenpuffer im ASP eingerichtet werden, um Unterschiede auszugleichen.

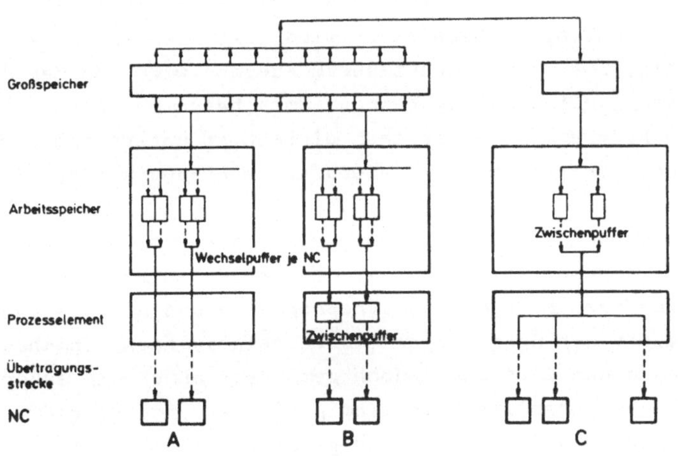

Bild 18 Möglichkeiten des Datenflusses in DNC-Systemen

Welcher Weg des Datenflusses gewählt wird, hängt ab von der Zugriffszeit zum Großspeicher und von den zeitlichen Verhältnissen der Datenanforderung und Datenausgabe aus dem Rechner. In diese Betrachtung sind die Kosten der einzelnen Lösungen miteinzubeziehen: Durch schnelle, aber auch teure Externspeicher kann Arbeitsspeicherplatz eingespart werden; langsame, kostengünstigere Speicher erfordern Zwischenpuffer.

Die nächste Frage gilt der Datenausgabe aus dem Rechner und der

Datenübertragung. Die Datenausgabe kann über eine programmgesteuerte Nahtstelle erfolgen, also Bestandteil eines Programms sein, oder sie kann fremdgesteuert sein durch ein spezielles Prozeßelement mit direktem Zugriff zum Arbeitsspeicher. In diesem zweiten Fall erfolgt die Datenausgabe unabhängig von der Programmsteuerung. Der wesentliche Unterschied zwischen den beiden Lösungen liegt in der Geschwindigkeit. Eine fremdgesteuerte Ausgabe kann mit der Geschwindigkeit der Arbeitsspeicherzyklen ablaufen, sie erfordert aber eine entsprechende Nahtstelle und ein geeignetes Prozeßelement; da sie durch Hardware-Einrichtungen abgewickelt wird, ist sie wenig anpassungsfähig. Die programmgesteuerte Ausgabe wird von der Ablaufgeschwindigkeit des Ausgabeprogrammes bestimmt. Durch Änderung im Programm kann sie sehr einfach an unterschiedliche Anforderungen von seiten der Steuerungen angepaßt werden.

Da E/A-Operationen meist eine mehrfach höhere Ausführungszeit haben als interne Operationen, ist der Bedarf an Rechenzeit durch den häufigen Lauf der Ausgabeprogramme und die überlange Ausführungszeit der Ausgabeoperationen relativ hoch. In ihrem Gewicht wird diese Tatsache jedoch gemindert durch die außerordentlich hohe, absolute Geschwindigkeit der programmgesteuerten Ausgabe und die - an der gesamten Einsatzzeit des Rechners gemessene - relativ geringe Belastung durch die Datenausgabe. Wie Beispiele in der Literatur vorgestellter Systeme zeigen (s. 5.4.), wird die Hardwarelösung erst bei großen Rechnern in Systemen für sehr viele NC interessant, da nur dort die Kosten der Hardware durch die Einsparung an Rechenzeit ausgeglichen werden können.

In diesem Zusammenhang sind die Möglichkeiten der gegenseitigen Anpassung der Geschwindigkeiten der Datenausgabe durch den Rechner, der Datenübertragung und der Übernahme durch die numerischen Steuerungen zu betrachten. Auch hier sind mehrere grundsätzliche Möglichkeiten gegeben. Gelingt es nicht, die Übertragungsgeschwindigkeit an die Ausgabegeschwindigkeit des

Rechners anzupassen, so muß bei satzweiser Ausgabe der Steuerdaten ein rechnernaher Zwischenpuffer vorgesehen werden. Die weitere Übertragung vom externen Zwischenpuffer zur NC geschieht dann unabhängig vom Rechner. Eine andere Lösung besteht darin, die Daten zeichenweise auszugeben. Die Übernahme jedes einzelnen Zeichens muß dann von der Steuerung quittiert werden, die Quittierung veranlaßt die Ausgabe des nächsten Zeichens. Diese Lösung mit ihrer hohen Interrupthäufigkeit ist jedoch nur sinnvoll bei einem hardware-orientierten Unterbrechungssystem. Gelingt es dagegen, die Geschwindigkeit einer blockweisen programmgesteuerten Rechnerausgabe - ein Block enthält einen NC-Satz - an die Übertragungsgeschwindigkeit anzupassen und liegt die Übernahmegeschwindigkeit der NC ebenfalls in dieser Größenordnung, so besteht die Möglichkeit, die Daten ungepuffert und unter Kontrolle der Programmsteuerung zu übertragen.

Ein weiterer Punkt betrifft den Umfang des Signalverkehrs, der neben den NC-Daten abzuwickeln ist. Handelt es sich dabei um eine große Zahl verschiedener Signale, die von mehreren Programmen behandelt werden, so ist eine software-orientierte Interruptstruktur günstig. Dabei besteht die Möglichkeit, alle digitalen Ein-/Ausgaben über <u>ein</u> programmgesteuertes Prozeßelement abzuwickeln.

Es hat sich gezeigt, daß den vielfältigen äußeren Einflüssen auf ein DNC-System eine große Zahl unterschiedlicher Lösungsmöglichkeiten des inneren Aufbaus gegenüberstehen. Weiterhin sind neben den technischen Gesichtspunkten beim Entwurf eines Systems die wirtschaftlichen zu beachten. Es ist dann aber nicht möglich, DNC-Systeme ohne Kenntnis der gesamten betrieblich-organisatorischen, wirtschaftlichen und technischen Zusammenhänge zu entwerfen.

5.2.5. Zeitliche Verhältnisse

Die zeitlichen Verhältnisse in DNC-Systemen sind unter zwei Gesichtspunkten zu untersuchen: Zum einen interessiert das Zeitverhalten der Rechenanlage nach außen, und zum anderen ist der tatsächliche Aufwand an Rechenzeit und Arbeitsspeicher der Zentraleinheit zu klären. Dieser zweite Punkt gibt Aufschluß darüber, in welchem Umfang weitere Aufgaben auf den Rechner übertragen werden können.

Neben der prinzipiellen Organisation des Datenflusses sind die spezifischen Kennwerte der eingesetzten Rechenanlage und ihrer Peripheriegeräte sowie die Anforderungen von seiten der NC bzw. der Fertigungsaufgaben von ausschlaggebender Bedeutung für das Zeitverhalten. Um zu quantitativen Aussagen zu kommen, ist es deshalb zweckmäßig, ein konkretes Beispiel zu wählen und mit dessen Zahlenwerten zu arbeiten. Als Beispiel wird nachfolgend das in Abschnitt 6 dieser Arbeit entwickelte DNC-System herangezogen; einige Parameter wie Art des Externspeichers, Organisation des Datenflusses, Anzahl der NC und mittlere Fertigungszeiten werden variiert. Wie sich zeigen wird, ergeben sich für DNC-Systeme so eindeutige Verhältnisse, daß aus diesem Beispiel allgemeingültige Aussagen abgeleitet werden können.

In Bild 18 sind die im folgenden betrachteten Alternativen dargestellt. Danach sind im Fall A folgende Schritte zur Bearbeitung eines Signals zur Datenanforderung durchzuführen: 1. Bearbeitung des Interrupts 2. Programmgesteuerte Datenausgabe. (Die Programmlaufzeit zum Nachladen eines Puffers kann vernachlässigt werden, da sie nur einmal pro Datenblock anfällt.) Im Fall C wird auf Anforderung der NC zunächst der entsprechende Datenblock vom schnellen Externspeicher in den Arbeitsspeicher geladen und dann erst ein Satz an die NC ausgegeben. Die Schritte der Bearbeitung einer Datenanforderung sind hier: 1. Bearbeitung des Interrupts 2. Parameterversorgung der ESP-Gerätesteuerung 3. Zugriff der Gerätesteuerung zu den Daten und Transfer in den ASP und 4. Programmgesteuerte Datenausgabe.

Für die Datenausgabe soll eine Geschwindigkeit von 5000 Zeichen/s angenommen werden. Diese entspricht größenordnungsmäßig der Einleserate numerischer Steuerungen. Die mittlere Satzlänge wird zu 20 Zeichen angenommen.

In Übereinstimmung mit den Werten aus Bild 15 ergeben sich daraus die in Tabelle 1 genannten Zeiten. T_{B1} ist dabei die Zeit für die Bedienung einer NC, T_{B2} für die Bedienung von zwei NC bei gleichzeitiger Datenanforderung. Durch Simultanarbeit zwischen Externspeichersteuerung und Programmsteuerung kann die Datenausgabe für die zuerst bediente Steuerung und die Interruptbearbeitung für die zweite während der Zugriffszeit zum Externspeicher erfolgen. T_R ist die Rechenzeit der Zentraleinheit für die Bedienung einer NC.

Die zeitlichen Anforderungen von seiten der NC können durch eine mittlere Abarbeitungszeit T_A pro NC-Satz beschrieben werden. Da dieser Wert sehr stark in das Ergebnis eingeht, er aber gleichzeitig fertigungsspezifisch ist, soll T_A mit 1 s, 2 s und 5 s angesetzt werden. Die Anzahl der angeschlossenen Steuerungen N wird zu 10, 20, 40 und 80 angenommen.

Zur Abschätzung des Zeitverhaltens können in Anlehnung an die Arbeit von LÜCKE [31] statistische Mittelwerte errechnet werden. Unter den Annahmen, daß der Ankunftsprozeß der Datenanforderungssignale durch eine POISSON-Verteilung angenähert werden kann, die Verhältnisse an allen Maschinen gleich sind und die Programme ohne Unterbrechung laufen, lassen sich Wahrscheinlichkeiten P berechnen, die über die Bedienungsverhältnisse der NC und die Belastung der Rechenzeit Aufschluß geben.

Datenfluß (Bild 18)	A		B	
ESP	Platte	Trommel	Platte	Trommel
Interrupt-Bearbeitung	1,5	1,5	1,5	1,5
Parameterversorgung des ESP	—	—	4	4
mittlere Zugriffszeit des ESP	—	—	200	12,5
Datenausgabe	4	4	4	4
T_{B1}	5,5	5,5	210	22
T_{B2}	11	11	413	38,5
T_R	5,5	5,5	9,5	9,5

Zeiten in ms

Tabelle 1 Zeitwerte für die Bedienung der NC mit Daten

Die Wahrscheinlichkeit $P_B(0)$ dafür, daß keine NC bedient wird oder auf Bedienung wartet, ergibt sich nach [31] zu

$$P_B(0) = \frac{1}{1 + \sum_{i=1}^{N} \left(\frac{T_B}{T_A}\right)^i \cdot \frac{N!}{(N-i)!}}$$

Entsprechend ergibt sich die Wahrscheinlichkeit $P_R(0)$ dafür, daß die Programmsteuerung frei ist, zu

$$P_R(0) = \frac{1}{1 + \sum_{i=1}^{N} \left(\frac{T_R}{T_A}\right)^i \cdot \frac{N!}{(N-i)!}}$$

Die Wahrscheinlichkeiten $P_B(i)$ dafür, daß i Maschinen zur Bedienung anstehen, ergeben sich zu:

$$P_B(i) = \left(\frac{T_B}{T_A}\right)^i \cdot \frac{N!}{(N-i)!} \cdot P_B(0)$$

Für $i > 1$ bedeutet dies, daß eine Maschine bedient wird und $(i-1)$ Maschinen warten.

In Tabelle 2 sind die Verhältnisse T_B/T_A bzw. T_R/T_A in Übereinstimmung mit den Werten aus Tabelle 1 wiedergegeben. T_B ist als Mittelwert für die Bedienung einer Maschine eingesetzt. Für diese Verhältniszahlen sind in Tabelle 3 die Wahrscheinlichkeiten $P_B(0)$, $P_R(0)$, $P_B(1)$ und $P_B(2)$ berechnet.

T_B bzw. T_R	T_B / T_A bzw. T_R / T_A		
[ms]	für T_A = 1s	T_A = 2s	T_A = 5s
210	0,2	0,1	0,04
22	0,02	0,01	0,005
9,5	0,01	0,005	0,002
5,5	0,005	0,003	0,001

Tabelle 2 Verhältniswerte (T_B/T_A) und (T_R/T_A)

P	N	T_B/T_A bzw. T_R/T_A								
		0,2	0,1	0,04	0,02	0,01	0,005	0,003	0,002	0,001
$P_B(0)$ bzw. $P_R(0)$	10	0,018	0,214	0,622	0,804	0,901	0,950	0,970	0,980	0,990
	20	0	0,003	0,280	0,612	0,802	0,900	0,940	0,960	0,980
	40	0	0	0,007	0,252	0,606	0,801	0,880	0,920	0,960
	80	0	0	0	0,005	0,236	0,603	0,760	0,840	0,920
$P_B(1)$	10	0,037	0,214	0,249	0,161	0,090	0,048	0,029	0,019	0,009
	20	0	0,007	0,224	0,241	0,160	0,090	0,056	0,038	0,019
	40	0	0	0,012	0,202	0,242	0,160	0,105	0,071	0,038
	80	0	0	0	0,008	0,187	0,240	0,182	0,134	0,071
$P_B(2)$	10	0,067	0,193	0,089	0,029	0,008	0,002	0,001	0	0
	20	0	0,013	0,171	0,093	0,031	0,008	0,003	0,001	0
	40	0	0	0,019	0,157	0,095	0,031	0,012	0,006	0,001
	80	0	0	0	0,013	0,149	0,095	0,043	0,021	0,006

Tabelle 3 Wahrscheinlichkeitswerte $P_B(0)$, $P_R(0)$, $P_B(1)$ und $P_B(2)$ in Abhängigkeit von der Anzahl N der zu bedienenden NC und den Verhältnissen T_B/T_A bzw. T_R/T_A

Um die Ergebnisse dieser Berechnungen möglichst anschaulich zu machen, sollen sie an folgendem Fall diskutiert werden: $N = 20...40$, $T_A = 2$ s. T_A ist dabei so gewählt, daß sie an der unteren Grenze des in der spanenden Fertigung üblichen liegt, die Anzahl der NC-Maschinen entspricht den Gegebenheiten des heutigen NC-Einsatzes.

Für die Belastung der Rechenzeit ist das Verhältnis T_R/T_A kennzeichnend. Die bei den genannten Zahlenwerten sich ergebenden Verhältnisse $T_R/T_A = 0{,}003$ bei Lösung A aus Bild 18 und $T_R/T_A = 0{,}005$ bei Lösung C führen zu Wahrscheinlichkeiten $P_R(0)$ von größer als 80 % für alle $N < 40$!

Die Zentraleinheit ist durch DNC-Aufgaben also zeitlich nur gering belastet. Dann können aber weitere Aufgaben auf den Rechner übertragen werden. Dazu ist es jedoch erforderlich, den Arbeitsspeicherbedarf für DNC auf ein Minimum zu beschränken.

Eine zweite Aussage läßt sich ableiten: Eine Beschleunigung der Datenausgabe aus der Zentraleinheit durch den Einsatz rechnernaher, externer Zwischenspeicher - wie in Bild 18 B angedeutet - führt bei den gegebenen Verhältnissen nur zu einer geringen relativen Entlastung des Rechners.

Die Ergebnisse dieser statistischen Untersuchungen dürfen nicht ohne die Einschränkungen betrachtet werden, denen sie unterliegen. DNC-Systeme sind nicht ausschließlich unter dem Gesichtspunkt zu konzipieren, daß im statistischen Mittel befriedigende Zeitverhältnisse resultieren, sondern auch, daß im statistisch ungünstigen Fall keine unzulässige Veränderung der Bearbeitungstechnologie eintritt.

Um die Tragweite dieses Anspruchs beurteilen zu können, sind die zeitlichen Grenzwerte der Abarbeitung eines NC-Programms zu untersuchen. Die kürzeste Zeit zur Abarbeitung eines Satzes mit Wegangaben in einer Bahnsteuerung ist die minimale Zykluszeit. Diese ergibt sich aus der Interpolationsweite und der maximalen Interpolationsfrequenz. Sie liegt bei heutigen Steuerungen in der Größenordnung von 100 ms. Innerhalb eines NC-Programms hängt sie natürlich von der Länge der programmierten Wege und den zugehörigen Vorschubwerten ab.

Bei einfachen Steuerungen wird im herkömmlichen Betrieb nach Abarbeitung eines Satzes der Lochstreifenleser gestartet, um die Daten des nächsten Satzes einzulesen. In dieser Lesezeit wartet die NC. Bei den üblichen Lesegeschwindigkeiten von 100...300 Zeichen/s ergeben sich für lange Sätze, z.B. mit 40 Zeichen, Lesezeiten von 130...400 ms. Für den DNC-Betrieb heißt dies, daß bei Steuerungen ohne Zwischenspeicher Bedienungszeiten in der Größenordnung von 10^2 ms zulässig sind. Sind Wartezeiten zwischen zwei Sätzen nicht zulässig, so werden Steuerungen mit Zwischenspeicher eingesetzt. Bei ihnen steht die gesamte Zeit zur Abarbeitung eines Satzes zur Verfügung, um den nachfolgenden einzulesen. Wartezeiten der NC können sich nur ergeben, wenn die Eingabe neuer Daten länger dauert als die Abarbeitung des vorhergehenden Satzes.

Bei einer Organisation des Datenflusses nach Bild 18 C gilt im diskutierten Fall ein Verhältnis von $T_B/T_A = 0{,}01$ bei Einsatz eines Trommelspeichers. Innerhalb eines minimalen T_A von 100 ms bei einem T_{B1} von 20 ms und einem T_B von ca. 16 ms für die zweite und weitere Maschinen bei gleichzeitiger Datenanforderung, können 6 NC bedient werden. Die Wahrscheinlichkeit $P_B(7)$ liegt bei ca. $5 \cdot 10^{-4}$; die über das minimale T_A hinausgehende Wartezeit beträgt ca. 15 ms. Diese Werte zeigen, daß es nicht zweckmäßig ist, diese Wartezeiten durch zusätzlichen Speicheraufwand zu vermeiden. Die Organisation muß vielmehr darauf ausgerichtet sind, daß diese seltenen und kurzen Wartezeiten technologisch unschädlich bleiben. Im Verhältnis zu den Fertigungszeiten sind diese Verzögerungen im Bereich von Millisekunden ohnehin vernachlässigbar.

In Bild 18 ist im Teil A die Einrichtung von Wechselpuffern im ASP angedeutet. Da aus Tabelle 3 ersichtlich ist, daß diese Lösung bei Einsatz von Externspeichern mit hoher Zugriffszeit notwendig wird, sei der Aufwand dafür kurz abgeschätzt. Die minimale Größe eines einfachen Puffers im ASP ist bestimmt durch die Größe der kleinsten adressierbaren Einheit auf dem ESP; bei N Maschinen sind also mindestens 2N Großspeicherblöcke im ASP aufzunehmen. Um im Mittel ohne Wartezeiten zu arbeiten, ist der einfache Puffer so groß zu wählen, daß während seiner Abarbeitungszeit alle anderen zweiten Puffer nachgeladen werden können.

T_K sei die Zeit, um einen Puffer der Größe K durch die NC-Maschine abzuarbeiten, dabei sei $T_K \sim K$. Die mittlere Zugriffszeit zum ESP sei T_Z. Da mit Wechselpuffer gearbeitet werden soll, ist die Größe aller Puffer K bei N Maschinen

$$K_{ges} = 2NK$$

Da weiter gilt $T_K \geq N \cdot T_Z$, ergibt sich mit $T_K \sim K$

$$K_{ges} \sim 2N^2 T_Z$$

Bei Einsatz eines langsamen Externspeichers steigt der Aufwand an Arbeitsspeicher proportional zum Quadrat der Anzahl angeschlossener Maschinen. Daraus kann abgeleitet werden, daß eine Organisation des Datenflusses in Wechselpuffern ungeeignet ist. Der hierfür erforderliche ASP-Bereich steht in einem so ungünstigen Verhältnis zur effektiven Rechenzeit, daß die Wirtschaftlichkeit eines solchen Systems stark eingeschränkt wird.

Für die Durchführung der NC-Datenversorgung ergeben sich damit folgende Richtlinien: Die Prioritäten in der Bedienung der angeschlossenen NC sind entsprechend den tatsächlichen minimalen T_A der aktuell bearbeiteten NC-Programme dynamisch zu verteilen. Lassen sich damit die zeitlichen Forderungen nicht erfüllen, so sind für einzelne Maschinen Einfachpuffer im ASP einzurichten. Die darin zwischenzuspeichernden Programmsegmente sind so aufzubauen, daß an ihrem Ende nur technologisch unschädliche Wartezeiten auftreten können.

Im Zusammenhang mit der Forderung, zusätzlich zu DNC weitere Aufgaben auf den Rechner zu übernehmen, sind zwei Punkte noch zu erwähnen. Bei den Ausführungen dieses Abschnitts wurde davon ausgegangen, daß die DNC-Programme im Rechner mit höchster Priorität laufen. Für zusätzliche Aufgaben bedeutet dies, daß ihre Programmlaufzeiten durch die erforderlichen organisatorischen Abläufe im Betriebssystem verlängert werden. Ihre Anforderungen bezüglich der Reaktionszeit des Rechners dürfen nur so hoch sein, daß sie mit der im statistischen Mittel zur Verfügung stehenden Rechenzeit auskommen.

Da beim Einsatz von Rechnern zur on-line Prozeßsteuerung immer eine Reserve an Rechenzeit für den worst case bereitgehalten werden muß, können im statistischen Mittel keine sehr hohen Auslastungen realisiert werden. Nach Angaben von Prozeßrechnerherstellern liegt die obere Grenze der Auslastung bei 40...60 %. Hieraus kann geschlossen werden, daß kein nennenswerter wirtschaftlicher Effekt eintreten kann, wenn die Zentraleinheit durch zusätzliche Speicher geringfügig von DNC-Aufgaben entlastet wird.

5.2.6. Bewertung des Rechnereinsatzes in DNC-Systemen

Der Einsatz von Rechnern zur Speicherung, Verwaltung und Ausgabe von numerischen Daten für eine größere Anzahl von NC-Maschinen sowie die auf dieser Ebene des Betriebs bereits mögliche Bedienung und Überwachung der Steuerungen ermöglichen eine Steigerung der Nutzung und Leistung der Fertigungseinrichtungen. Diese setzen sich zusammen aus der schnellen und fehlerfreien Bereitstellung der NC-Programme, aus dem Wegfall von Lochstreifen und Lochstreifenleser als störanfälligen

Elementen, aus der Reduzierung der Handeingriffe als Ursachen häufiger Fehler und Zeitverluste, aus der schnellen Erfassung von Störungen zum Erkennen von Schwachstellen und aus der Erweiterung der Arbeits- und Bedienungsmöglichkeiten der NC. Die Reduzierung der Ansprüche an das Bedienungspersonal sowie die im Zusammenspiel mit automatisierten Einrichtungen für den Materialfluß mögliche Automatisierung größerer Teile der Fertigung begünstigen eine zeitliche höhere Nutzung im Mehrschichtbetrieb.

Die Erweiterung der Arbeitsmöglichkeiten der NC wird in DNC-Systemen für herkömmliche Steuerungen nur solche Funktionen betreffen, die an den NC nicht verfügbar sind. Beispiele dafür sind: Satzsuchen, Einbau von Unterprogrammen und Arbeitszyklen in NC-Programme, Änderung des Vorschubs für Testläufe, Umrechnung von Bezugs- auf Kettenbemaßung und Codewandlungen. Der Aufwand für die Realisierung dieser Funktionen ist gering. Da sie nur selten aufgerufen werden, können die entsprechenden Programme auf dem Externspeicher abgelegt werden. Sie belegen dann nur bei Aufruf und nur für die Zeit ihrer Ausführung Platz im Arbeitsspeicher.

Von grundsätzlichem Nachteil in diesen Systemen ist die einseitige Belastung des Rechners mit Aufgaben, die an den unregelmäßigen Rhythmus der Abarbeitung der NC-Sätze auf den Maschinen gebunden sind, und seine schlechte mittlere Auslastung. In Anbetracht der hohen Investitionskosten für ein DNC-System ist es aus wirtschaftlichen Gründen erforderlich, durch die Übernahme zusätzlicher, geeigneter Abschnitte des Informationsflusses diesen Nachteil zu überwinden. Unter diesem Gesichtspunkt müssen DNC-Systeme, obwohl sie erst ganz vereinzelt in die Fertigung Eingang finden, als ein Anfang angesehen werden, der weitere Schritte fast zwingend vorschreibt.

5.3. Betriebsdatenerfassung

Die Erfassung, Aufbereitung und Zwischenspeicherung aktueller Betriebsdaten stellt sich nicht nur als eine Aufgabe dar, deren Automatisierung einen hohen Rationalisierungseffekt verspricht, sondern sie erweist sich auch als geeignet, die Auslastung, und damit die Wirtschaftlichkeit, von DNC-Systemen zu verbessern.

Der Einsatz von Rechnern in diesem Bereich stellt auf drei Gebieten besondere Anforderungen. Diese liegen zum einen in der gerätetechnischen Realisierung der automatischen Datenerfassung. Zum zweiten setzt dieser Schritt eine Fertigungssteuerung voraus, die aktuelle Betriebsdaten verarbeiten kann, d.h. die eine genügend kurze Reaktionszeit auf Störungen in der Fertigung zeigt. Für den Rechnerbetrieb beziehen sich die Anforderungen auf die Größe und Ausstattung der Anlage und ihr Betriebssystem, weniger dagegen auf die Programmierung. Aufgrund der geringen zeitlichen Ansprüche der Betriebsdatenerfassung, für die Wartezeiten in der Größenordnung von 10^2 ms unschädlich sind, können die zugehörigen Programme auf niedriger Prioritätsstufe laufen - gegenüber DNC-Aufgaben im sogenannten Background - und brauchen zudem nicht arbeitsspeicherresident zu sein. Für Anlagen, die aufgrund ihrer Ausstattung eine solche Betriebsweise erlauben, stehen die entsprechenden Betriebssysteme zur Verfügung.

Da diese Art des Rechnereinsatzes dem klassischen Einsatzgebiet der Prozeßrechner nahekommt - der Überwachung großer technischer Anlagen wie z.B. von Kraftwerken -,steht bei allen größeren Rechnerherstellern standardisierte Software für die Datenerfassung zur Verfügung. Der Anwender hat nur die seinem Einsatz entsprechende Organisation der Abläufe einzurichten.

Damit stellt dieser Aufgabenbereich keine speziellen Anforderungen an den Einsatz des Rechners. Dieser ist möglich, sobald die erforderlichen organisatorischen Voraussetzungen im Betrieb und in der Fertigungsvorbereitung getroffen sind.

5.4. Beispiele von DNC-Systemen

Ergänzend zu den allgemeinen und prizipiellen Untersuchungen dieses Abschnittes sollen im folgenden einige Beispiele von DNC-Systemen kurz erläutert werden. Dies kann nur in groben Umrissen erfolgen, da die Systeme entweder noch in der Entwicklung sind oder erst als Prototypen auf Fachausstellungen vorgestellt wurden. Vor allem bei den größeren Systemen ist auch nicht bekannt, wieviel ihres in der Literatur beschriebenen Gesamtumfangs bereits realisiert ist. Auch ist von den genannten Systemen heute in Europa noch keines bei einem Anwender im industriellen Einsatz.

DNC-System im BTR-Modus (Siemens [33])

Der Aufbau des Systems ist in Bild 19 dargestellt. An den Rechner Siemens 301 ist als Großspeicher eine Platte mit einer Kapazität von 1600 K Worten zu je 24 bit angeschlossen. Der Datenfluß erfolgt vom Großspeicher in einen Wechselpuffer mit einer Größe von 2 x 64 Worten je Maschine im Arbeitsspeicher. Dieser Wechselpuffer ist erforderlich, um die hohe Zugriffszeit zum Plattenspeicher auszugleichen. Vom Arbeitsspeicher werden die Daten satzweise programmgesteuert in einen Zwischenpuffer im Prozeßelement NC 15K ausgegeben. Die Übertragung zur numerischen Steuerung erfolgt unabhängig von der Programmsteuerung mit einer Geschwindigkeit von ca. 1000 Zeichen/s. Die NC-Programm-Nummer wird über Dekadenschalter eingegeben, die an die Steuerung angebaut sind. Die peripheren Geräte des Rechners dienen der Bedienung des Systems und der Ein-/Ausgabe von Daten.

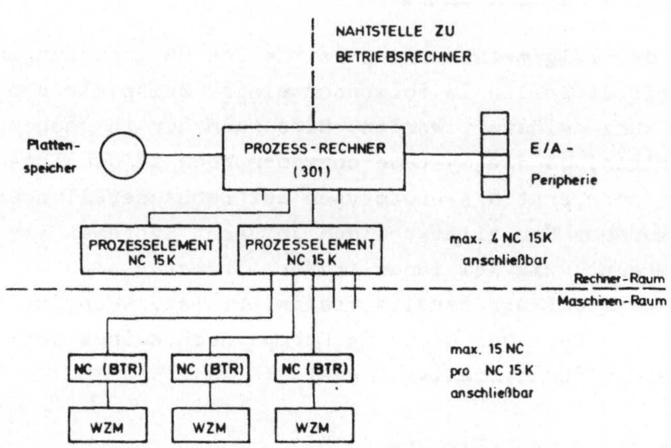

Bild 19 DNC-System im BTR-Modus

DNC-System mit erweiterten Arbeitsmöglichkeiten (General Electric [25],[26])

Das CommanDir System, Bild 20, ist in seinem Aufbau dem vorgenannten ähnlich. Als Großspeicher wird hier eine Trommel verwendet, die bei kleinerer Speicherkapazität wesentlich kürzere Zugriffszeiten hat. In dem zentralen Kleinrechner GE-PAC 30 steht ein Teil der Systemprogramme in einem fest verdrahteten Speicher, was sich günstig auf die Rechnerkosten auswirkt. Die Ausgabe der Daten erfolgt über einen Multiplexer, an den bis zu 30 NC angeschlossen werden können. Bei gleichzeitiger Bedienung von 15 NC wird eine Übertragungsrate von 1250 Zeichen/s erreicht. Die Ankopplung der NC erfolgt über eine Bedienungsstation (Operator Station), an die jede beliebige NC angeschlossen werden kann. Über diese Station kann der Bedienungsmann mit dem Rechner verkehren und einige im Rechner realisierte Funktionen abrufen, z.B. Satzsuchen, Wahl der Betriebsart und Werkzeugkorrekturen.

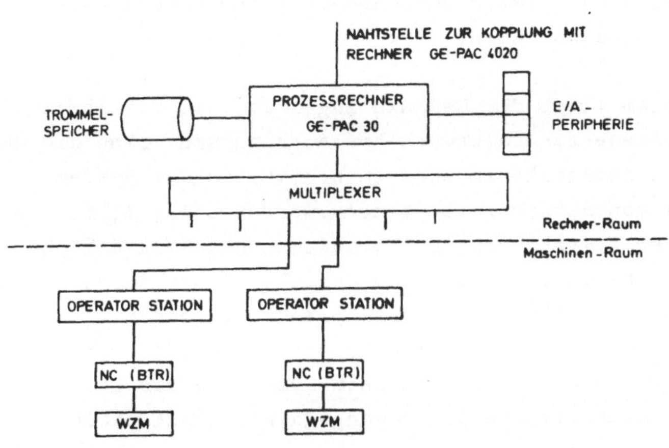

Bild 20 DNC-System mit erweiterten Arbeitsmöglichkeiten der NC

DNC-Mehrrechnersystem mit Betriebsdatenerfassung (Kearney & Trecker [25], [26])

Einen anderen Aufbau als die beiden o. g. Beispiele zeigt das als Mehrrechnersystem konzipierte System GEMINI, Bild 21. Darin übernimmt ein im Verhältnis zu den vorherigen Beispielen großer zentraler Leitrechner die Verwaltung des Großspeichers, die Ein-/Ausgabe von Daten über Peripherie-Geräte, die Aufbereitung erfaßter Daten für ein Management Information System und die abschnittsweise Ausgabe von NC-Programmen an Satellitenrechner. Die kleinen Satellitenrechner verkehren mit den NC programmgesteuert. Über Bildschirmgeräte ist es in diesem System möglich, sowohl die Funktionen auszuführen, die im vorhergehenden System die Operator Station ermöglichte, als auch die Ausgabe und die on-line Korrektur von NC-Programmen. Die Anpassungfähigkeit des programmgesteuerten Datenverkehrs erlaubt es, ohne zusätzliche Hardware-Einrichtungen jede beliebige NC anzuschließen.

Diesem System liegt der Gedanke zugrunde, die Flexibilität des programmgesteuerten Datenverkehrs auszunutzen, ohne die damit verbundenen Nachteile in Kauf zu nehmen. Da dem System eine große Zahl von Aufgaben übertragen werden soll, mußte ein relativ großer Leitrechner zur Verwaltung und Verarbeitung aller anfallenden Daten eingesetzt werden. Um diesen durch den ausgabeintensiven Verkehr mit den NC nicht übermäßig zu belasten, wurde diese Aufgabe auf kleine Rechner abgewälzt. Die Satellitenrechner stehen in diesem System an der Stelle der Hardware-Prozeßelemente der vorangegangenen Beispiele.

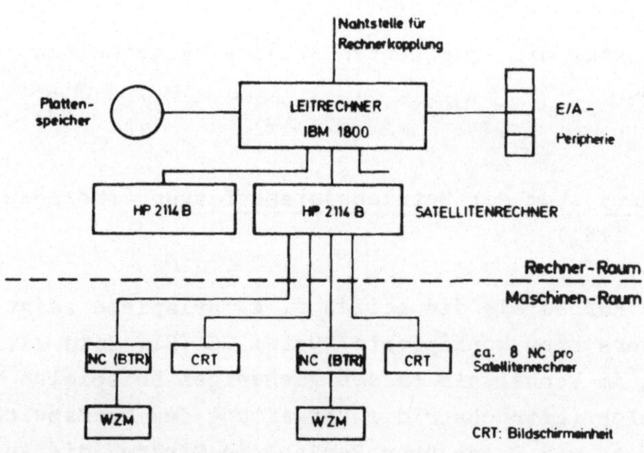

Bild 21 DNC-Mehrrechnersystem

DNC-System mit Großrechner (Sundstrand [25], [34])

Das größte und umfassendste der bekannten DNC-Systeme ist das System Omnicontrol, Bild 22. Es sieht den Anschluß von maximal 255 Werkzeugmaschinensteuerungen vor; dazu wird ein Großrechner IBM 360/50 mit einem Kernspeicher von 512 K Bytes benötigt. Der zentrale Rechner übernimmt in diesem System neben der Ausgabe der NC-Programme an die O/CM-Einheiten und der Erfassung und Aufbereitung der Fertigungsdaten für ein Management Information System auch die Übersetzung der in SPLIT geschriebenen NC-Programme. SPLIT ist eine von Sundstrand entwickelte problemorientierte NC-Programmiersprache. Da der DNC-Betrieb nur einer von mehreren Aufgabenbereichen des Rechners ist, kann hier über die Bildschirmeinheiten eine Konversation mit dem Rechner abgewickelt werden, die über den Bereich der Fertigung hinaus direkt in den dispositiven Teil der Fertigungsvorbereitung und andere Betriebsbereiche eingreift.

Der Einsatz eines Großrechners führte in diesem System zu einer speziellen Organisation des Datenflusses. Das Problem, die Ausgabe der Daten aus dem Arbeitsspeicher mit maximaler Geschwindigkeit - also minimaler Belastung der Rechenzeit - durchzuführen, wurde hier nicht durch den Einsatz eines speziellen Prozeßelementes oder von Satellitenrechnern gelöst, sondern durch die Auflösung der gerätemäßigen Einheit der NC in einen rechnernahen und einen maschinennahen Teil. Die rechnernahen Teile mehrerer Steuerungen sind in einem Hardware-Gerät, der O/CM-Einheit zusammengefaßt. Dadurch kann der Datenverkehr mit der NC mit einer im Nahbereich möglichen, sehr hohen Geschwindigkeit erfolgen.

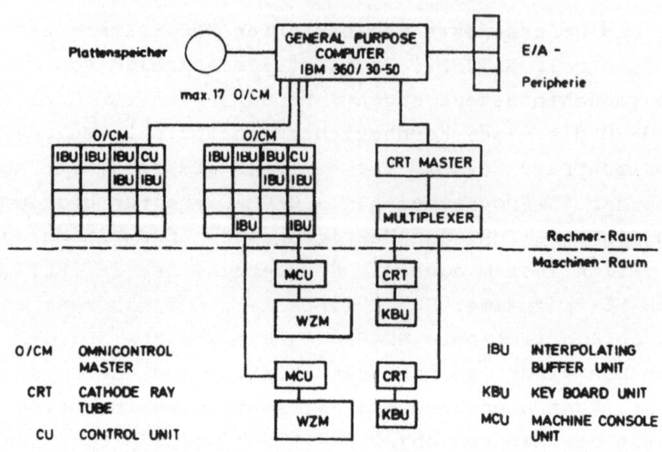

Bild 22 DNC-System mit Großrechner

Die rechnernahe O/CM-Einheit besteht aus einem Steuerwerk CU, das den Datenaustausch mit dem Rechner steuert, und aus maximal 15 IBU. In einer IBU werden die geometrischen Werte für je eine Maschine interpoliert und in Form von Impulsen, die jeweils einem Weginkrement entsprechen, an die maschinennahen Lageregelkreise übertragen. Die Schaltinformationen sind hier über getrennte Leitungen zu senden. Die maschinennahen Steuerungsteile sind in der MCU-Einheit zusammengefaßt. An ihr befindet sich auch ein Bedienungsfeld, das wie in den anderen Systemen der Bedienung und dem Verkehr mit dem Rechner dient.

5.5. Entwicklung des Rechnereinsatzes

Die Entwicklung von DNC-Systemen wie auch des weitergehenden Einsatzes der Rechner zu Betriebsdatenerfassung und Fertigungsdisposition zeichnet sich heute durch eine Vielfalt unterschiedlicher Konzeptionen und ein Entwicklungsstadium aus, in dem erst ganz vereinzelt der Schritt in die betriebliche Anwendung erfolgt.

Die unterschiedlichen Konzeptionen der Systeme betreffen mehrere Punkte: Die Automatisierung des technischen Informationsflusses durch DNC-Systeme, an die zumeist herkömmliche numerische Steuerungen angeschlossen werden, steht bei Systemen mit kleinen Rechnern im Vordergrund. Bei größeren Systemen, die für Betriebsdatenerfassung und dispositive Aufgaben ausgelegt sind, tritt der technische Informationsfluß gegenüber den organisatorischen Belangen in den Hintergrund. Dies wird insbesondere deutlich am Aufwand für die Software.

Ebenfalls von Einfluß auf die Konzeption des Rechnereinsatzes ist die Anwender-Zielgruppe. Der bei den potentiellen Anwendern erreichte Stand der NC-Technik, ihre organisatorischen und personellen Voraussetzungen, ihre Investitionskapazität und Innovationsfreudigkeit müssen berücksichtigt werden. So verfolgen überwiegend amerikanische Firmen sehr umfassende Entwürfe, während europäische und japanische Hersteller kleineren Anfangslösungen den Vorzug geben. Diese kleinen Systeme können sowohl nach Größe des Rechners wie auch Anzahl angeschlossener Steuerungen schrittweise ausgebaut werden.

Als weitere Größe ist der Stand des Rechnereinsatzes in den technischen Bereichen der Unternehmen zu nennen. Dies wird insbesondere am Beispiel des unter 5.4. aufgeführten Systems Omnicontrol deutlich, in dem nicht der Rechner an seine Prozeßperipherie angepaßt wurde, sondern diese an einen vorhandenen Großrechner.

Die Hauptschwierigkeit beim Aufbau komplexer Systeme zur Rechnersteuerung der Fertigung liegt in der Entwicklung der Programmsysteme. Der außerordentliche Aufwand, der sowohl für ihre allgemeine Erstellung wie auch spezielle Anpassung an die jeweilige Fertigung erforderlich ist, führte dazu, daß diese großen Systeme heute noch nicht für den betrieblichen Einsatz zur Verfügung stehen. DNC-Systeme im BTR-Modus haben dagegen vereinzelt Eingang in die Fertigung gefunden. Jedoch stehen auch sie noch am Anfang, so daß bislang keine aussagekräftigen Erfahrungen vorliegen. Hierbei ist zu beachten, daß der Effekt ihres Einsatzes nicht beurteilt werden kann ohne Kenntnis der gesamten organisatorischen und materialflußtechnischen Voraussetzungen.

Bei Durchsicht des DNC-Schrifttums entsteht häufig der Eindruck, daß der Systemaspekt ungenügend beachtet wird. Beim potentiellen Anwender kann so der Eindruck entstehen, daß sich diese Systeme additiv zu vorhandenen Einrichtungen und Organisationsformen hinzufügen lassen. Die zahlreichen Wirkungen, die von ihnen ausgehen und auf sie zurückwirken, verlangen jedoch eine Integration. DNC-Systeme erweisen sich damit als bezeichnendes Beispiel für den im gesamten Bereich der Technik "... deutlich erkennbaren Trend zur Integration." [36].

6. Entwicklung eines DNC-Systems

6.1. Aufgabenstellung und äußere Einflußgrößen

Als Schritt zum Aufbau eines flexiblen Fertigungssystems sollte durch das zu entwickelnde DNC-System der technische Informationsfluß für ca. 20 konventionell numerisch gesteuerte Werkzeugmaschinen automatisiert werden. Für den zukünftig geplanten, vollautomatischen Betrieb der Maschinen mußten die numerische Dateneingabe, die Bedienung der Maschinen im störungsfreien Betrieb, die Erfassung und Meldung von Störungen, die Nahtstelle zu einem Werkstücktransportsystem und die Eingabe der NC-Programm-Nummern auf einen Rechner übertragen werden. Für den späteren Ausbau des Systems waren die Erfordernisse einer umfangreichen Betriebsdatenerfassung zu berücksichtigen. Im Fall einer Störung in der Rechenanlage mußte die Möglichkeit zum herkömmlichen Betrieb mit Lochstreifen erhalten bleiben.

Die zu steuernden Werkzeugmaschinen stehen in einer Halle und sind in mehreren parallelen Reihen aufgestellt. In der gleichen Halle wurde ein klimatisierter Rechner-Raum eingerichtet, der die Umgebungsbedingungen für den Einsatz von Magnetspeichern erfüllt. Die räumliche Entfernung zwischen Rechner und NC übersteigt in keinem Fall 200 m.

Für die einzelnen Maschinen sind 20...50 NC-Programme abzuspeichern, so daß ein ausreichend großer Speicher und die Möglichkeit zur Verwaltung von ca. 1000 NC-Programmen vorzusehen waren.

Bei den numerischen Steuerungen handelt es sich um Bahnsteuerungen mit Zwischenspeichern und minimalen Zykluszeiten für die Interpolation von 60...120 ms; die maximale Einlesegeschwindigkeit der NC für numerische Daten liegt bei 6000...8000 Zeichen/s. Aufbautechnik und elektrische Kennwerte der Steuerungen sind ähnlich; Unterschiede bestehen nur in Details wie z.B. der Richtung der Triggerflanke für die Datenübernahme.

Test und Korrektur neuer Programme sollten zunächst nicht mit Rechnerhilfe durchgeführt werden, da zu diesem Zweck zusätzliche Rechnerperipherie erforderlich gewesen wäre.

Von großer Bedeutung ist das zu bearbeitende Werkstückspektrum sowie der Automatisierungsgrad der Maschinen. Es handelt sich durchweg um große Werkstücke mit einer größten Abmessung von ca. 2 m, bei denen der überwiegende Teil aller im mehrachsig bahngesteuerten Betrieb zu bearbeitenden Konturen Bearbeitungszeiten von mehr als 10 s erfordert. Ein großer Teil der Arbeitsgänge wird in einachsiger Bearbeitung durchgeführt. Für das DNC-System bedeutet dies, daß an die Reaktionszeit der Datenausgabe keine besonderen Anforderungen gestellt werden. Der hohe Automatisierungsgrad der Maschinen - Bearbeitungszentren für Bohr- und Fräsarbeiten mit Werkzeugmagazinen und automatischem Werkzeugwechsel - hat zur Folge, daß innerhalb der NC-Programme eine große Anzahl von Sätzen auftreten, die nur die Satznummer und unter der Adresse M*) eine Schaltfunktion enthalten. Dies sind jeweils Stellen, an denen Wartezeiten im Programmablauf technologisch unschädlich sind.

Das DNC-System sollte so aufgebaut werden, daß die Anzahl anschließbarer NC bis zur Grenze der Kapazität an Rechenzeit und Speicherplatz gesteigert werden kann. Außerdem durften keine Einschränkungen bezüglich der Eigenschaften zukünftig anzuschließender Steuerungen entstehen. Es mußte autark arbeitsfähig sein; im Hinblick auf seinen weiteren Ausbau sollte der Rechner aus einer Familie mit einem hohen Maß an Kompatibilität und der Möglichkeit zur Rechnerkopplung gewählt werden.

Zur Überwachung des Fertigungsablaufs wurde ein Protokoll gewünscht, das die Anzahl gefertigter Teile und ihre Fertigungszeiten wiedergibt. Die Organisation des Systems sollte es

---

*) M = Adresse für Zusatzfunktionen (DIN 66 025)

ferner erlauben, den Rechner und seine peripheren Geräte in einem gewissen Rahmen für einfache off-line Aufgaben einzusetzen.

6.2. Aufbau des DNC-Systems

Bild 23 zeigt den Aufbau des Systems. Es besteht aus dem Prozeßrechner 301 des Siemens System 300 mit einem Magnetplattenspeicher an einer Nahtstelle mit direktem Arbeitsspeicherzugriff, den Ein-/Ausgabegeräten Bedienungsblattschreiber (BBS), Lochstreifenleser (LSE) und -stanzer (LSA), Protokollblattschreiber (PBS) und Prozeßelement P1K 301 an programmgesteuerten Nahtstellen.

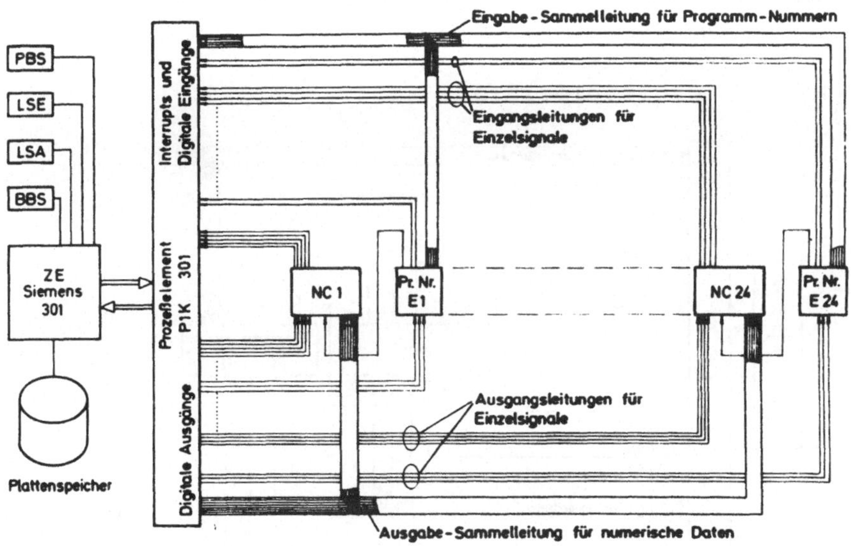

Bild 23 Aufbau des DNC-Systems

Es ist zunächst ausgelegt für den Anschluß von 24 numerischen Steuerungen; der Nahtstelle zum Werkstücktransport und zur Programm-Nummern-Eingabe dienen eigene Einrichtungen (PR.NR.E), die in bezug auf Signalverkehr und Programmierung sowohl für manuelle wie automatische Werkstück- und Programm-Nummern-Eingabe geeignet sind.

Der gesamte Datenverkehr zwischen Rechner und Prozeßperipherie wird programmgesteuert abgewickelt. Die Ausgabe der numerischen Daten erfolgt über eine Sammelleitung (DSL), an die alle Steuerungen angeschlossen werden können; der Übertragung von Steuersignalen zur und von der NC dienen Einzelleitungen. Die Programm-Nummern werden ebenfalls über eine Sammelleitung (SL) zum Rechner übertragen, während für die Ansteuerung der Eingabeeinrichtungen auch Einzelleitungen vorgesehen sind. Der Signalverkehr, mit dem der Betrieb abgewickelt wird, ist in Bild 24 dargestellt.

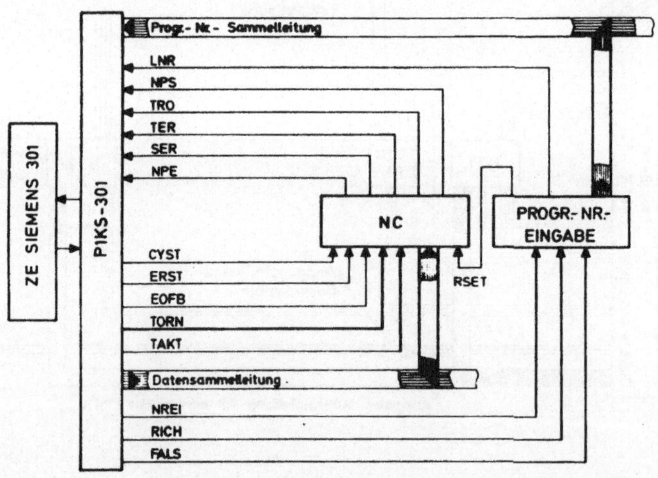

Bild 24 Signalverkehr zwischen Rechner und numerischer Steuerung mit Programm-Nummern-Eingabe

Die Signale und ihre Bedeutung sind:

A) Signale zum Rechner

LNR : Lesestation zur Programm-Nummern-Eingabe bereit
NPS : Numerische Steuerung startbereit
TRO : Datenausgabe Start
TER : Datenfehler
SER : Servofehler
NPE : NC-Programm Ende

B) Signale vom Rechner

CYST: Zyklus-Start
ERST: Datenfehler Rücksetzen
EOFB: Halt am Satzende
TORN: Signal zur Ankopplung einer NC an die Datensammel-Leitung
TAKT: Taktsignal zur Übernahme eines Zeichens durch die NC
NREI: Signal zur Ankopplung einer Programm-Nummern-Eingabe an die Sammelleitung
RICH: Positive Quittierung der Programm-Nummern-Eingabe
FALS: Negative Quittierung der Programm-Nummern-Eingabe

C) Signal von der Programm-Nummern-Eingabe zur numerischen Steuerung

RSET: NC Rücksetzen.

Der Betriebsablauf wurde bereits in Abschnitt 5.2.1. skizziert. Zusätzlich zu den dort genannten sind hier die Signale NPS, TORN und NREI eingeführt. Das Signal RSET bewirkt keinen Start.

Die Signale TORN und NREI wurden durch das gewählte Sammelleitungsprinzip erforderlich; sie dienen der Ankopplung an diese Sammelleitungen. Das Signal RSET wird unabhängig vom Zeitpunkt des Einlesens der Programm-Nummer nach Übergabe eines Werkstücks an die Maschine erzeugt. Ist die NC rückgesetzt und betriebsbereit, so meldet sie diesen Zustand mit dem Signal NPS an den Rechner. Dadurch besteht per Programm die Möglichkeit, die Zulässigkeit eines Starts zu prüfen. Damit kann vom Rechner aus die Fertigung definiert stillgesetzt werden, z.B. bei Schichtende. Eine detaillierte Beschreibung der Abläufe folgt nach Besprechung der Systemhardware und -software in Abschnitt 6.5.

6.3. Die Hardware des Systems

Die Hauptelemente des Systems sind die Magnetplatte als Großspeicher, die Zentraleinheit 301, das Prozeßelement P1K 301, die Datenübertragungsstrecke und die angeschlossenen NC.

Bei dem Magnetplattenspeicher handelt es sich um ein Gerät mit einer Kapazität von 1600 K Worten zu je 24 bit. Er enthält zwei Plattenstapel zu je 800 K Worten, die auf der gleichen Antriebswelle sitzen und über einen gemeinsamen Positioniermechanismus verfügen. Der untere Stapel wird vom Betriebssystem als Systemplatte behandelt, er ist nicht austauschbar; der obere Stapel ist dagegen austauschbar und wird unabhängig von seiner konstruktiven Kopplung per Programm als zweites Gerät behandelt. Jeder Stapel ist in 200 Zylinder eingeteilt, die Daten eines Zylinders können ohne Positionierung mit einer mittleren Zugriffszeit von 12,5 ms erreicht werden. Die Positionierzeit von Zylinder zu Zylinder beträgt 15 ms, über 100 Zylinder beträgt sie ca. 500 ms. Der Magnetplattenspeicher ist an eine Nahtstelle mit direktem Arbeitsspeicherzugriff angeschlossen.

Die Zentraleinheit 301 verfügt in der vorliegenden Ausbaustufe über einen Arbeitsspeicher von 8 K Worten zu 24 bit mit einer Zykluszeit von 1,6 µs. Neben der direkten Nahtstelle besitzt sie eine programmgesteuerte Akkumulator-Nahtstelle mit einem festverdrahteten Zusatz zum Anschluß von 7 E/A-Geräten.

Den Aufbau des Prozeßelements P1K 301 zeigt Bild 25. Die Prozeßelementsteuerung P1KS 301 tauscht mit der Zentraleinheit Daten, Adressen und Steuersignale aus. Die programmgesteuerte Ein-/Ausgabe über die Akkumulatornahtstelle belegt die Programmsteuerung für jeweils 15 µs. Das Prozeßelement ist mit drei Prozeßsignalformern ausgestattet. Diese erlauben - in ihrer derzeitigen Ausbaustufe - die alarmbildende Eingabe von 8 Worten zu je 24 bit über den Prozeßsignalformer ALDE, und die

Ausgabe von je 8 Worten über die Prozeßsignalformer ELDA für elektronische Signale und REDA für Relaissignale.

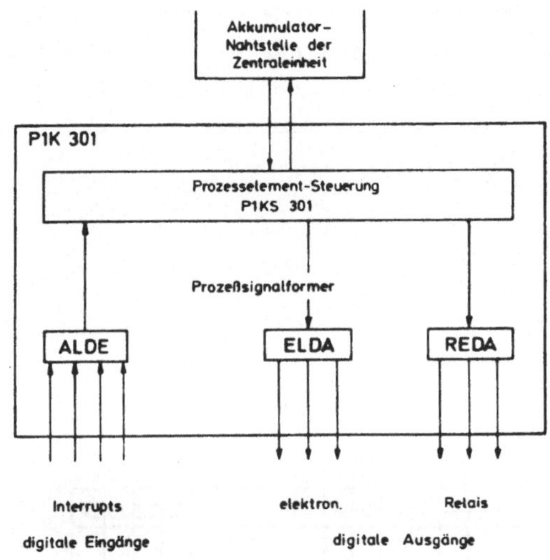

Bild 25 Prozeßelement P1K 301

Die Anlage verfügt über ein software-orientiertes Unterbrechungssystem. Jedem Eingabewort ist ein Alarmgruppen-Bit in einem speziellen Alarmgruppenregister (AGR) zugeordnet, das gesetzt wird, wenn einer der Eingänge des Wortes von logisch O auf L springt. Darauf wird das gerade laufende Programm an der nächsten unterbrechbaren Stelle unterbrochen. Das Betriebssystem untersucht das AGR, übergibt die Anwenderalarme und startet das Anwenderprogramm zur Alarmauflösung.

Da sowohl die Untersuchung des Alarmgruppenregisters wie auch der zugeordneten Eingabe-Worte der Prozeßsignalformer im Anwenderprogramm durch bitweises Linksverschieben erfolgen, ergibt sich eine Prioritätsmatrix der Alarme, Bild 26. Die Alarmsignale TRO von allen Maschinen sind auf ein ALDE-Wort geführt, dem das höchstwertige Bit im AGR zugeordnet ist. Damit wird ein Alarmsignal TRO vor allen anderen erfaßt. Die Zuordnung der einzelnen NC zu den Bits eines Ein-/Ausgabewortes entscheidet über die Prioritätsverteilung bei gleichem Alarm; die Maschine, die an das links im Wort stehende Bit 1 angeschlossen ist, hat höchste Priorität.

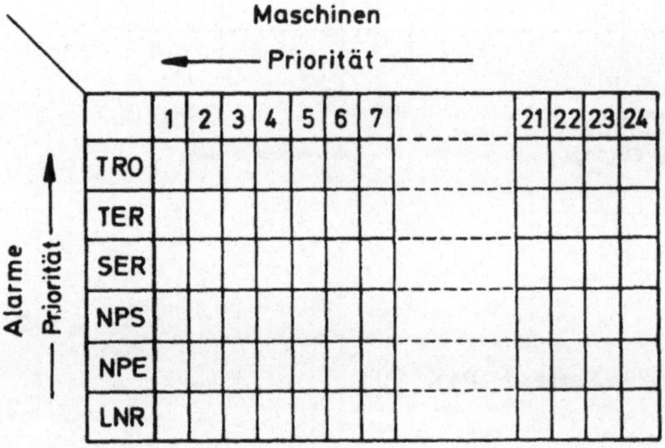

Maschinen
← Priorität

Alarme ↑ Priorität

	1	2	3	4	5	6	7	-------	21	22	23	24
TRO								-------				
TER								-------				
SER								-------				
NPS								-------				
NPE								-------				
LNR												

Bild 26 Prioritätsmatrix der Alarme

Die maximale Ausgabegeschwindigkeit der ELDA liegt bei 16000 bit/s. Diese Geschwindigkeit stellt damit auch die Grenzgeschwindigkeit der Datenübertragung dar. Sie wird jedoch im Verkehr mit den NC nicht erreicht. Dadurch, daß im Ausgabeprogramm für NC-Daten Software-Prüfungen und interne Verwaltungsläufe zwischen die Ausgabeoperationen geschoben wurden, konnte die Ausgabegeschwindigkeit auf 5500 Zeichen/s (Z/s) heruntergedrückt werden. Dieser Wert liegt in der Größenordnung der Einleserate der numerischen Steuerungen.

Damit konnte erreicht werden, daß die programmgesteuerte Ausgabe von NC-Daten ungepuffert vom Arbeitsspeicher bis zur NC ohne Verlust an Rechenzeit abgewickelt wird. Die hohe Geschwindigkeit von 5500 Z/s erlaubt es, die Daten ohne Unterbrechung in ganzen Sätzen auszugeben. Dies führte zu einer erheblichen Einschränkung des Verwaltungsaufwandes.

Die satzweise, ungepufferte, programmgesteuerte Ausgabe legte zusammen mit der Anordnung der Maschinen in Reihen die Verwendung von Sammelleitungen nahe. Dies bringt eine ganze Reihe vor allem wirtschaftlicher Vorteile mit sich: Reduzierung der Anzahl der Ausgabeworte im Prozeßelement; Einsparung an Leitungen, damit Möglichkeit zur parallelen Übertragung der Daten; Einsparung von Umsetzgeräten; die hohe Ausnutzung der Leitungen rechtfertigt aufwendige Prüfschaltungen; gute elektrische Realisierbarkeit mit Standard-Leitungen; Flexibilität in der Anzahl der angeschlossenen NC.

Die anderen Signale zwischen Rechner und NC werden durch Einzelleitungen übertragen. Dabei sind diejenigen Ausgangssignale, die direkt auf den elektronischen Teil der NC einwirken, über elektronische Ausgaben geführt, während solche, deren Anschlüsse an der NC in Form von Tastern oder Schaltern herausgeführt sind, über Relais ausgegeben werden.

Das Übertragungssystem, das die oben genannten Forderungen erfüllt, wurde an dem Insitut, an dem diese Arbeit entstanden ist, entwickelt. Es wurde als Gleichstromsystem konzipiert; sein Aufbau ist in Bild 27 dargestellt. Der Absicherung gegen

Störungen, die ein Hauptproblem der Datenübertragung darstellen, dienen einige Maßnahmen: Die Grenzfrequenz wurde auf 20 kHz begrenzt, die Übertragungsleitungen sind niederohmig (Eingangswiderstand 250 Ω), die Signalleistung liegt sehr hoch (Spannungshub 40 V, Stromhub 160 mA), der Störspannungsabstand der Empfänger liegt bei 20 V [37].

Die Übertragung der Daten erfolgt in einem Doppelstromsystem, d.h. jedes Signal wird auf zwei antivalenten Leitungen übertragen. Jedes Zeichen wird in der NC auf Querparität geprüft, zusätzlich ist eine Prüfschaltung auf Längsparität über jeweils einen Satz an die Datensammelleitung angefügt. Das dafür erforderliche Prüfzeichen bildet der Rechner bei der Ausgabe. Mehrfache Sicherungen sind auch gegen die Übernahme von Daten durch eine falsche NC eingebaut. Über zwei Signale, das TAKT- und das TORN-Signal, wird ein Empfänger angewählt; in der Hardware wird auf ein vereinbartes Satzanfangs- und Endezeichen abgeprüft; diese Hardware-Prüfungen werden durch programmierte Prüfungen ergänzt.

Zwischen dem steuerungsnahen Sender/Empfänger des Übertragungssystems und der numerischen Steuerung liegt ein zusätzlich erforderliches Anpaßteil. Dieses dient der Umschaltung von Rechnerbetrieb der NC auf herkömmlichen Lochstreifenbetrieb mit manueller Bedienung. Bei Anwahl des Lochstreifenbetriebs ist die NC vollständig vom Rechner getrennt, kein Signal wird von und zum Rechner übertragen. Die Steuerung kann ohne Einschränkung konventionell betrieben werden.

Bei Rechnerbetrieb sind die manuellen Eingriffe auf ein Mindestmaß begrenzt. Nur die Taster für "Zyklus-Start" und "Halt am Satzende" - sie erlauben zu Prüf- oder Meßzwecken eine kurzfristige Unterbrechung des NC-Programmablaufs - sowie der Schalter für die Vorschubkorrektur sind noch aktiv.

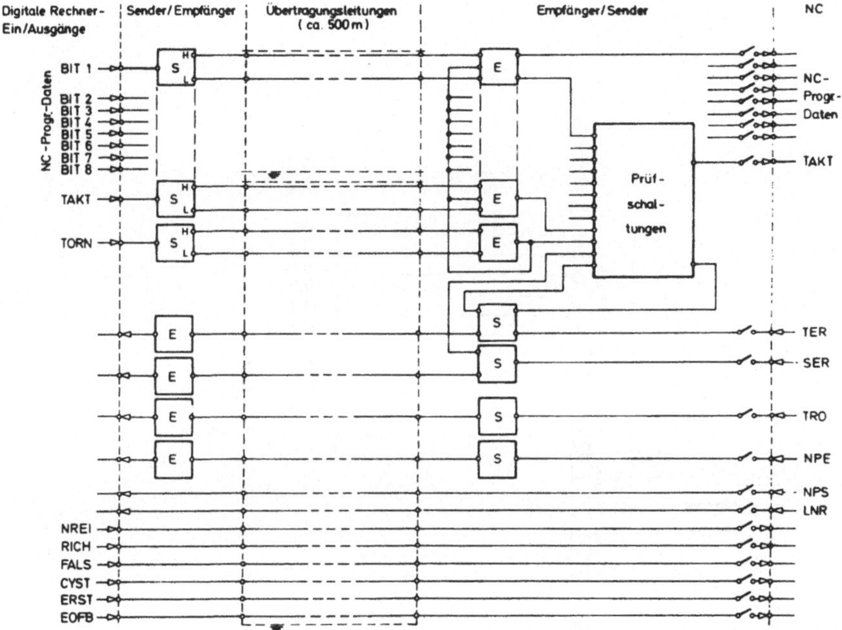

Bild 27 Aufbau des Datenübertragungssystems

Die Zuordnung der einzelnen Signale zu den Ein-/Ausgängen des Rechners ist generell so, daß die jeweils gleichen Signale aller Maschinen auf einem Wort liegen. Alle Signale einer Maschine nehmen die gleiche Bitposition in allen Worten ein; diese Bitposition entspricht der Priorität der Maschine. Diese Organisation ist nicht nur für die Hardware einfach und übersichtlich, sondern vor allem auch für die Programmierung. Die daraus resultierende Belegung der Ein-/Ausgabeworte des Prozeßelementes P1K 301 für 24 Steuerungen zeigt Bild 28.

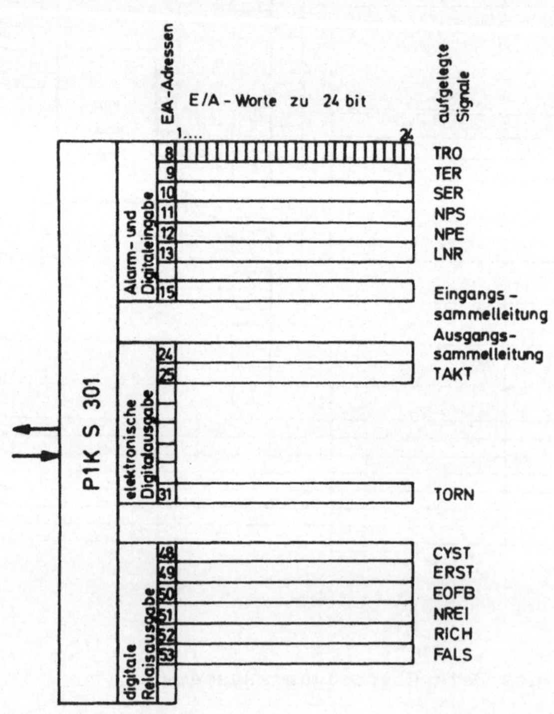

Bild 28 Belegung des Prozeßelementes P1K 301 bei Anschluß von 24 numerischen Steuerungen

6.4. Die Software des Systems

Zunächst sind hier die Eigenschaften und Fähigkeiten des Betriebssystems zu nennen. Das Betriebssystem des Siemens System 300, Organisationsprogramm ORG genannt, steuert und überwacht den simultanen Ablauf von 24 Programmen und koordiniert den Verkehr mit den externen Geräten. Weiterhin bietet es dem Anwender eine Reihe von organisatorischen Funktionen an, die der internen Verwaltung der Programme dienen. Diese Funktionen sind über Makro-Anweisungen zugänglich.

Die Behandlung der Interrupts, d.h. Übernahme des Alarmgruppenregisters, Auswertung der vom Betriebssystem zu bearbeitenden Alarme und Übergabe der für den Anwender bestimmten wird ebenfalls vom ORG durchgeführt. Zur Bedienung der Rechenanlage enthält es ein Standard-Bedienungsprogramm, bei Auftreten von Hardware- oder Software-Fehlern wird ein Standard-Fehlerprogramm aktiv. Diese umfangreichen Funktionen des Betriebssystems vereinfachen die Programmierung erheblich, dafür wird ein beachtlicher Teil des Arbeitsspeichers belegt, im vorliegenden System ca. 4 K Worte.

Das Programmpaket für das vorliegende DNC-System ist in Bild 29 dargestellt. Es besteht aus sieben Programmen für den Verkehr mit den numerischen Steuerungen, vier Programmen zur Ein-/Ausgabe von Meldungen und sechs Dienstprogrammen. Alle Programme haben Zugriff zu einem gemeinsamen Nahtstellenbereich mit Listen und Registern. Das Bild zeigt weiterhin, welche Programme über welche Signale mit der Prozeßperipherie verkehren und welche Programme in gegenseitiger Wechselwirkung stehen.

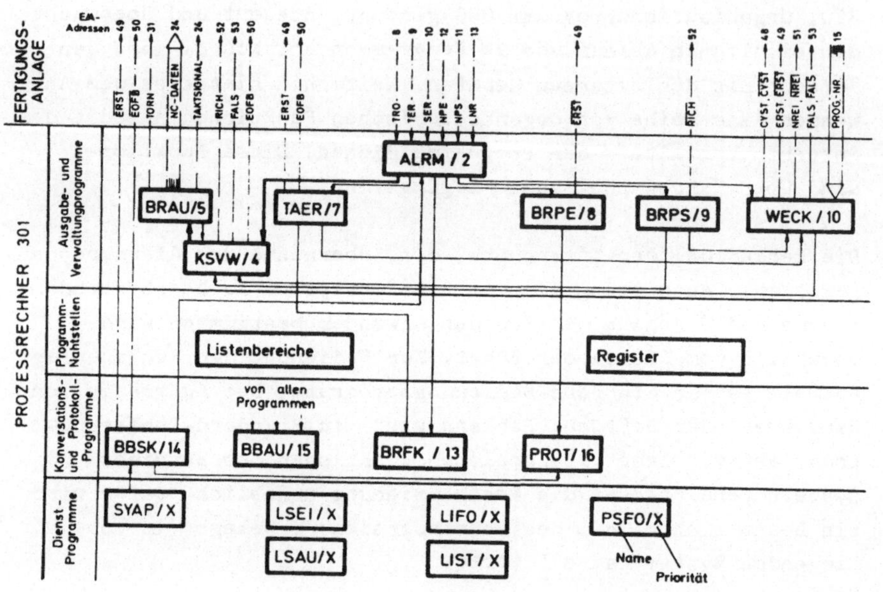

Bild 29 DNC-Programmpaket

Im folgenden werden die entwickelten Einzelprogramme kurz besprochen:

Programm ALRM, Priorität 2:

Dies ist das zentrale Alarmprogramm, das alle Anwender-Interrupts entschlüsselt und auf formale Zulässigkeit prüft. Die zulässigen Interrupts werden an die einzelnen Funktionsprogramme übergeben und diese gestartet: Alarm TRO an Programm KSVW, TER an TAER, SER and BRFK, NPE an BRPE, NPS an BRPS, LNR an

WECK. Das Programm läuft innerhalb der DNC-Programme mit höchster Priorität.

Programm KSVW, Priorität 4:
Das Programm KSVW übernimmt den gesamten Nachschub an NC-Daten von der Platte in den Arbeitsspeicher. Zur Klärung seiner Funktionen sei zunächst der im vorliegenden System realisierte Datenfluß beschrieben, Bild 30.

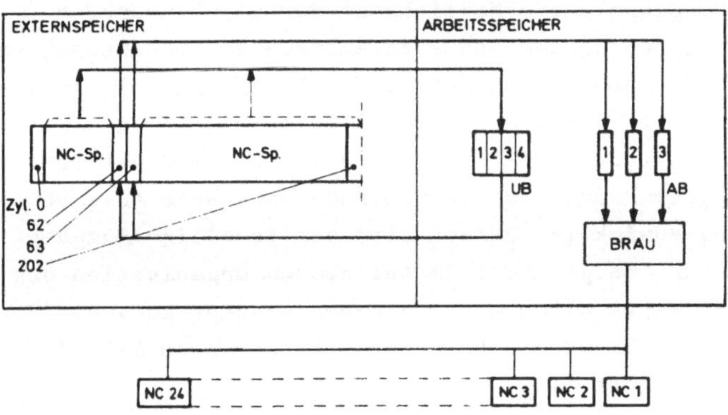

Bild 30 Datenfluß im DNC-System

Für die im System abgespeicherten NC-Daten ist der obere der beiden Plattenstapel reserviert. Um die hohe Positionierzeit bei wahlfreiem Zugriff zu den Daten der Platte zu vermeiden, wurden die beiden Zylinder 62 und 63 als Zwischenspeicher eingerichtet. In diesem externen Speicherbereich sind für jede NC 5 Platten-Blöcke gepuffert, die ca. 950 numerische Zeichen aufnehmen. Zum Umspeichern von jeweils vier Blöcken in diese Vorzugszylinder wurde im Arbeitsspeicher ein entsprechender Umspeicherbereich UB eingerichtet. Die Zylinder 62 und 63 liegen benachbart zu dem vom ORG belegten Zylinder 64. Da dieser bei Verkehr mit der Platte über das Betriebssystem am häufigsten angefahren wird, ergeben sich kurze Positionierzeiten für den DNC-Verkehr.

Bei Eintreffen eines TRO-Signals wird aus den Vorzugszylindern ein Block in einen Ausgabebereich AB des ASP transferiert und von dort ein Satz ausgegeben. Um bei gleichzeitigem Auftreten mehrerer TRO-Signale die Möglichkeit der Simultanarbeit zwischen Ausgabeprogramm und Plattensteuerung zu nutzen, war ein zweiter Ausgabebereich erforderlich; um auch die ganz kurzen Zugriffszeiten ausnutzen zu können, wurde ein dritter reserviert. Ist ein Ausgabebereich geladen, wird das Programm BRAU gestartet, das die programmgesteuerte Ausgabe eines Satzes abwickelt; danach wird der jeweilige Ausgabebereich wieder freigegeben. Um bei dieser Organisation des Datenflusses Wartezeiten während einer Ausgabe zu vermeiden, werden in den Blöcken des Externspeichers nur vollständige Sätze abgespeichert.

Die vom Betriebssystem unabhängige Anwender-Verwaltung der NC-Programme wird auf Zylinder 61 geführt. Zu jeder Programm-Nummer wird lediglich die Hardware-Blockadresse des Programm-Anfangs auf der Platte gespeichert. Dadurch können ca. 1800 Programm-Nummern auf diesem Zylinder geführt werden. Die aktuellen Blockadressen der in Arbeit befindlichen Programme werden im ASP geführt. Dadurch ist eine optimal schnelle Parameterversorgung der Gerätesteuerung des Plattenspeichers möglich. Die aus dieser Organisation resultierende Belegung des oberen Plattenstapels zeigt Bild 31. Die Verteilung der Zylinder ist wie folgt:

Zylinder		
	0:	vom Betriebssystem belegt
	1- 60:	Speicherbereich für NC-Programme
	61:	Buchführung über NC-Programme
	62- 63:	Vorzugszylinder zur Zwischenspeicherung von NC-Programmabschnitten
	64:	vom Betriebssystem belegt
	65-200:	Speicherbereich für NC-Programme

Neben der Aufgabe, den Datennachschub zu organisieren, übernimmt das Programm KSVW auch die Prüfung, ob zu einer eingegebenen Programm-Nummer das entsprechende NC-Programm auf der Platte vorhanden ist.

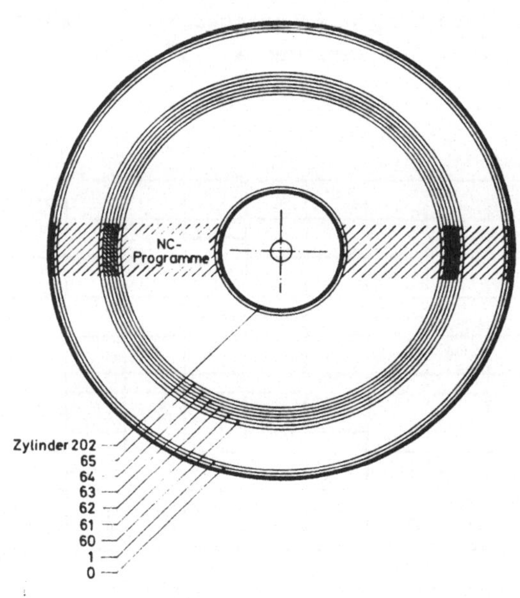

Bild 31 Belegung des Plattenstapels für NC-Programme

Programm BRAU, Priorität 5:
Ist durch das Programm KSVW ein Ausgabebereich geladen, so wird dessen Adresse und die Nummer der aufrufenden Maschine an BRAU übergeben und dieses gestartet. Nach Prüfung der Zulässigkeit der Ausgabe wird die Maschine an die Sammelleitung durch Setzen des entsprechenden TORN-Bits angekoppelt. Die NC-Daten werden analog zum Lochstreifenbetrieb ausgegeben. Bild 32 zeigt das Impulsdiagramm einer Ausgabe ohne Längsparitätsprüfung.

Das Programm ermöglicht Wahlfreiheit in der Bildung und Ausgabe eines Längsparitäts-Prüfzeichens und der Richtung der Triggerflanke zur Datenübernahme. Ebenso kann der zeitliche Versatz der Triggerflanke so eingestellt werden, daß die maximale Einlesegeschwindigkeit der NC erreicht wird. Das Programm prüft zudem auf Überschreitung des Ausgabebereichs, auf maximal zulässige Zeichenzahl pro Satz und auf N*) als erstes Zeichen im Satz.

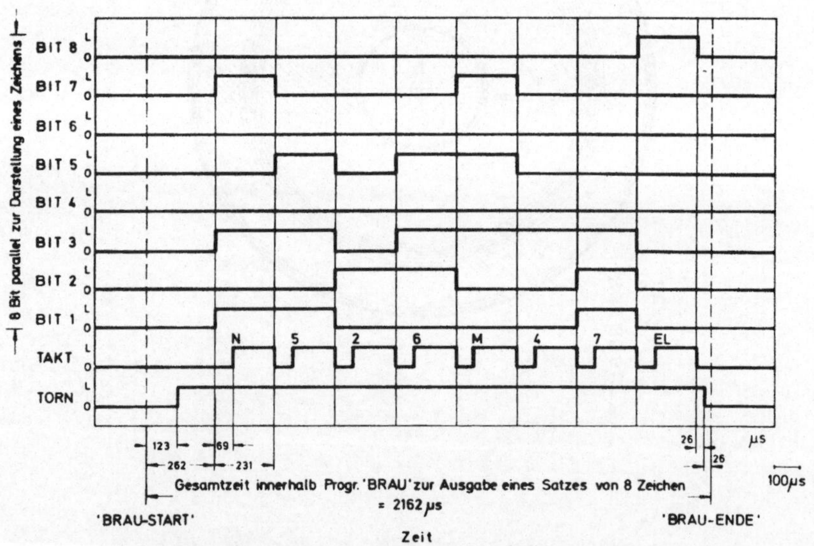

Bild 32 Impulsdiagramm der Datenausgabe

---

*) N = Adresse für Satznummer (DIN 66 025)

Programm TAER, Priorität 7:
Bei Auftreten eines Datenfehlers, den die NC mit dem Signal TER meldet, setzt das Programm TAER diesen Fehler durch Ausgabe des Signals ERST zurück und veranlaßt eine höchstens zweimalige Wiederholung des fehlerhaften Satzes. Gelingt es dabei nicht, die Daten richtig zu übertragen, so wird die NC stillgesetzt und die Parameter der Ausgabe an das Programm BRFK übergeben. BRFK druckt auf dem Protokollblattschreiber den gesamten Block aus, in dem der Fehler auftrat. Handelt es sich um einen Datenfehler, so ermöglicht das Programm BBSK die Eingabe korrigierter Daten. Danach kann die NC wieder gestartet werden.

Programm BRPE, Priorität 8:
Bei Ende oder Abbruch eines Programms werden die Zustandsbit der Maschine rückgesetzt und die jeweilige Dateibuchführung geschlossen. Die Nummer der meldenden Maschine und die Uhrzeit werden an das Programm PROT übergeben. Falls bereits eine neue Programm-Nummer vorliegt, wird sie in die Dateiverwaltung übernommen.

Programm BRPS, Priorität 9:
Das Programm prüft die Startbedingungen für die NC und übergibt sie zum Start an das Programm WECK. Weiterhin werden Nummer der Maschine, Nummer des aktuellen Programms und Uhrzeit an das Programm PROT gemeldet und die Programm-Nummern-Eingabe für das nächste Werkstück freigegeben.

Programm WECK, Priorität 10:
WECK wird über einen Impulsgeber jede Sekunde gestartet. Es übernimmt alle die Ein-/Ausgaben, bei denen zeitliche Abstände eingehalten werden müssen, die per Programm nicht zu realisieren sind. Dabei handelt es sich um die Schaltzeiten externer Relaissteuerungen. Das große Zeitraster von 1 s wurde gewählt, um den Rechner nicht stark zu belasten.

Listen und Register:
Alle Listen mit den aktuellen Parametern - Adressen, Zählerstände, Bitmuster - der 24 angeschlossenen Steuerungen und der 24 aktuellen NC-Programme werden in einem Bereich des ASP

geführt, zu dem alle Programme des DNC-Paketes Zugriff haben. In diesem Bereich liegen auch alle Register und Merkzellen, in denen die einzelnen Betriebszustände festgehalten sind.

Programm BRFK, Priorität 13:

Das Programm übernimmt die Bearbeitung von Fehlern im Betrieb der NC. Da für dieses Programm keine kurze Reaktionszeit gefordert wird, wurde es so segmentiert, daß es nur einen minimalen Bereich im Arbeitsspeicher belegt.

Programm BBSK, Priorität 14:

BBSK ist das zentrale Konversationsprogramm, über das in den DNC-Betrieb eingegriffen werden kann und aktuelle Zustände einzelner Maschinen abgefragt werden können. Insgesamt sind in ihm 15 verschiedene Bedienungsfunktionen realisiert. So kann z.B. ein fehlerhafter Datensatz, den das Programm BRFK ausgedruckt hat, neu eingegeben werden, der Anlauf und Auslauf des DNC-Betriebs wird gesteuert, die für den DNC-Betrieb zugelassenen Maschinen werden eingegeben, die Maschinen, die Längsparitätsprüfzeichen wünschen, werden notiert etc.

Dieses Programm wurde außerordentlich vielseitig und bedienungsfreundlich gestaltet. Seine gesamte Länge beträgt über 1200 Befehle. Da auch hier keine hohen zeitlichen Ansprüche gestellt werden, wurde das Programm stark segmentiert. Es belegt im ASP nur 195 Worte.

Programm BBAU, Priorität 15:

BBAU ist ein zentrales Ausgabeprogramm für alle Meldungen, die Fehler im Verkehr mit externen Geräten oder die Überlastung der Programme anzeigen.

Programm PROT, Priorität 16:

Das Programm sammelt und ordnet die Meldungen über gefertigte Werkstücke und druckt in regelmäßigen Abständen ein Fertigungsprotokoll aus, Bild 33. Es ist ebenfalls segmentiert und führt die Fertigungsdaten in einer eigenen Datei auf dem unteren Plattenstapel.

```
FERTIGUNGS-PROTOKOLL     TAG: 27.05.71     UHRZEIT: 19.06
--------------------

 PROGR.      V O N       B I S      DAUER

N C M  3

  0584       18.27       18.36      00.09
  0584       18.37       18.46      00.09
  0584       18.46       18.56      00.10
  0584       18.56       19.05      00.09
```

Bild 33 Auszug aus dem Fertigungsprotokoll

Die weiteren Programme sind Dienstprogramme, die unabhängig von den vorgenannten Betriebsprogrammen unter beliebigen, von den DNC-Programmen nicht belegten Prioritäten laufen können.

Programm SYAP:
SYAP ist das Anlaufprogramm für das DNC-Programmpaket. Dieses ist in einer eigenen Datei auf der Platte abgespeichert. Bei Aufnahme des DNC-Betriebs, bei Schichtbeginn oder nach Störungen holt SYAP die Programme in den Arbeitsspeicher und macht sie laufbereit.

Programme PSFO, LIFO und LIST:
Die vom Betriebssystem unabhängige Organisation des oberen Plattenstapels erfordert dessen anwenderspezifische Formatierung. Durch das Programm PSFO werden die einzelnen Speicherbereiche eingerichtet, für das Betriebssystem gesperrt und ihre Hardware-Adressen übernommen. Die Aufteilung des Listenzylinders 61 und der Vorzugszylinder 62 und 63 sowie die Übernahme der zylinderinternen Hardware-Adressen übernimmt das Programm LIFO. Die Liste aller abgespeicherten NC-Programme, ihre Anfangsadressen und die Belegung des Plattenspeichers druckt das Programm LIST auf Anforderung aus.

Programme LSEI und LSAU:
Die Eingabe der auf Lochstreifen gespeicherten NC-Programme in das System, d.h. ihre Übernahme auf den Plattenspeicher, wird durch LSEI erledigt, während LSAU jedes gespeicherte NC-Programm unabhängig vom DNC-Betrieb auf Lochstreifen ausgibt.

Einen Überblick über die Belegung des Arbeitsspeichers durch die einzelnen DNC-Programme und über Anzahl und Umfang der auf dem Externspeicher abgelegten Segmente gibt Bild 34. Die daraus resultierende Gesamtbelegung des Arbeitsspeichers durch Betriebssystem und DNC-Paket zeigt Bild 35. Der freie Platz von ca. 1200 Worten steht für Dienst- oder sonstige Programme zur Verfügung.

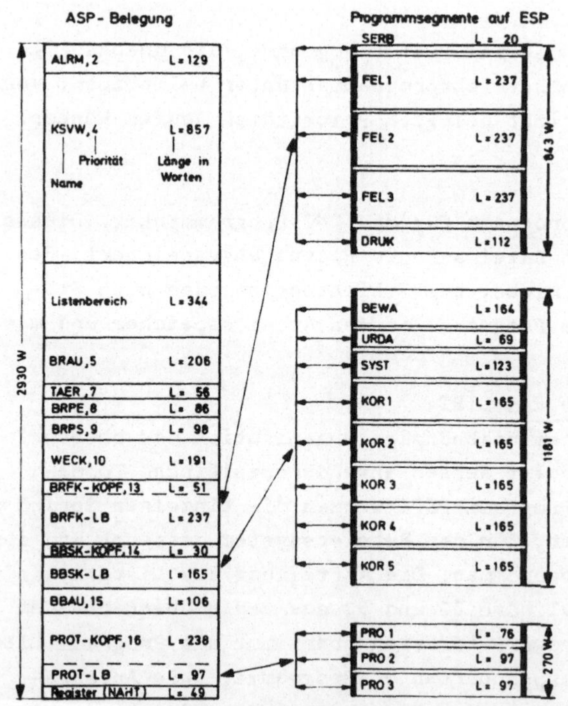

Bild 34

Umfang der DNC-Programme

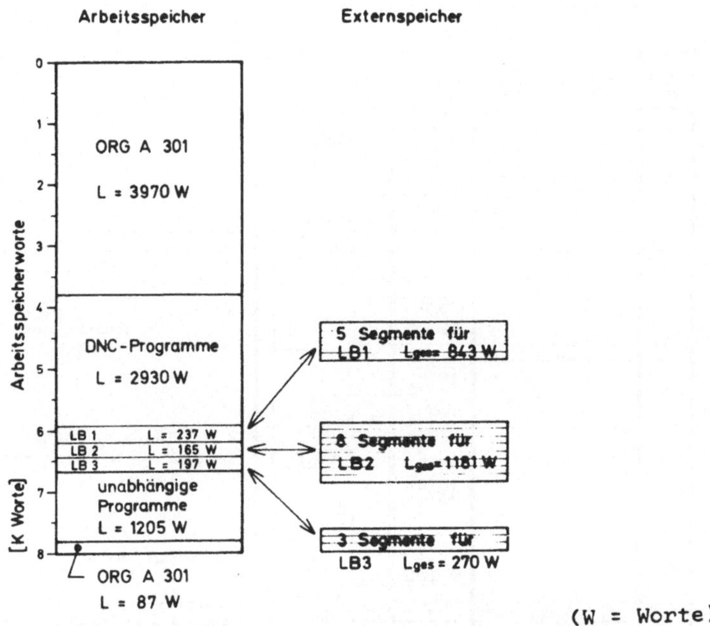

(W = Worte)

Bild 35 ASP- und ESP-Belegung durch das DNC-Paket

6.5. Der Betriebsablauf

Nach Darstellung der Komponenten des Systems soll anhand des Bildes 36 das Zusammenspiel von Hardware und Software, von Betriebssystem und Anwenderprogrammen kurz erläutert werden.

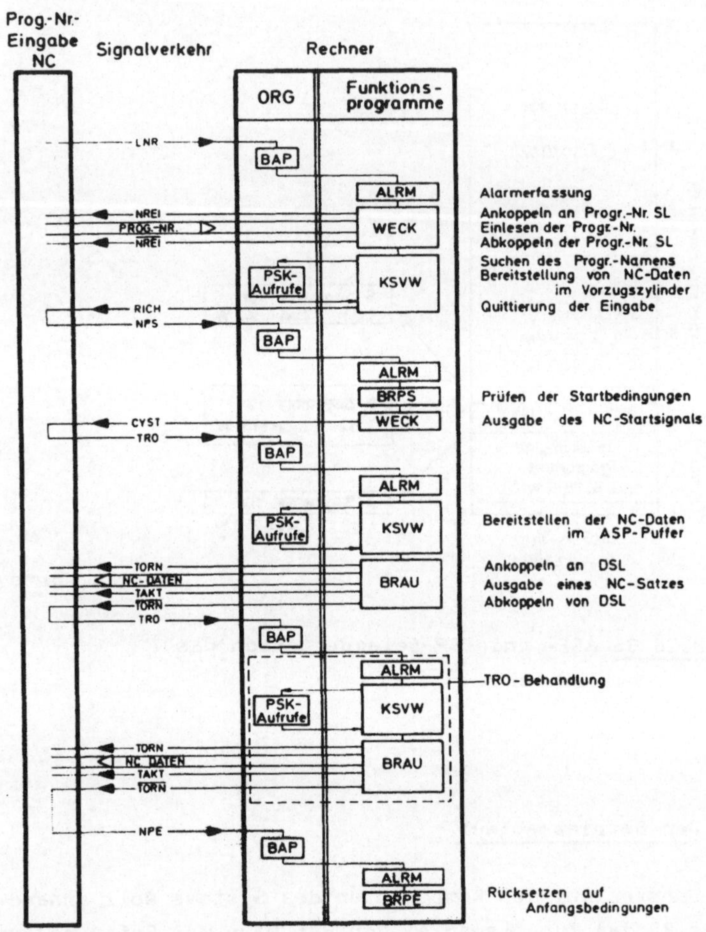

Bild 36 Signalfolge und Betriebsablauf im ungestörten DNC-Betrieb

Das Bild zeigt den Signalverkehr und die rechnerinternen Abläufe beim ungestörten, fehlerfreien Betrieb. Mit dem Signal LNR meldet die Programm-Nummern-Eingabe, daß bei ihr eine neue Programm-Nummer ansteht. Das Signal löst im Rechner eine bedingte Anforderung an die Programmsteuerung (BAP) aus, das Betriebssystem untersucht diese BAP und gibt den Alarm an das Anwenderprogramm ALRM. Dieses erkennt das Signal und übergibt es zum zeitlich getakteten Verkehr mit der Relaissteuerung der Programm-Nummern-Eingabe an das Programm WECK. Ist die Eingabesammelleitung frei, wird die Programm-Nummer durch das Signal NREI auf diese Leitung gegeben. Ist sie formal richtig, wird die Sammelleitung wieder freigegeben und die Nummer an KSVW übergeben. Falls das gesuchte Programm auf dem Plattenspeicher vorliegt, kann die Eingabe mit dem Signal RICH quittiert werden. Wird das zu fertigende Werkstück darauf in die Maschine eingegeben, so meldet sich die Steuerung mit dem Signal NPS startbereit. Diese Meldung bearbeitet das Programm BRPS. Liegt die Maschine in der vorgeschriebenen Signalfolge, dann gibt das Programm WECK das Relaissignal CYST aus. Auf jeden Anruf TRO hin gibt nun der Rechner das NC-Programm Satz für Satz aus. Die Programme ALRM, KSVW und BRAU wirken dabei zusammen. Ist der letzte Satz ausgegeben und von der NC richtig empfangen, so quittiert sie mit dem Signal NPE. Das Programm BRPE setzt daraufhin auf den Anfangszustand zurück. Wurde bereits während des Laufs des NC-Programms die Nummer des nächsten eingegeben, so kann nun nach Eingabe des Werkstücks mit dem Signal NPS seine Bearbeitung gestartet werden.

Den zeitlichen Ablauf der Behandlung eines TRO-Alarmes durch die verschiedenen Programme zeigt Bild 37. Bei Auftreten wird er zunächst durch das ORG und das Programm ALRM erfaßt.Das Programm KSVW versorgt die Plattensteuerung mit den aktuellen Parametern und stößt sie an. Während der mittleren Zugriffszeit zu den Daten von 12,5 ms - ohne Positionieren von Zylinder zu Zylinder - ist die Programmsteuerung frei. Meldet sich die

Plattensteuerung zurück, werden die Parameter der Daten und Steuerung an das Ausgabeprogramm übergeben. BRAU gibt die Daten mit einer Geschwindigkeit von 5500 Z/s aus. In die im Diagramm angegebenen Zeiten sind die Abläufe im Betriebssystem, z.B. bei Programmstart oder -wechsel einbezogen. Unter den genannten Bedingungen wird eine NC innerhalb von 20 ms mit Daten versorgt, der Aufwand an Rechenzeit beträgt jedoch nur 8 ms.

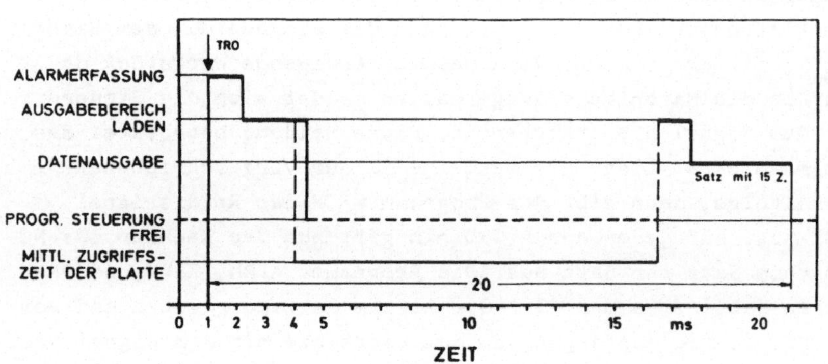

Bild 37 Zeitlicher Ablauf der Bedienung einer Maschine

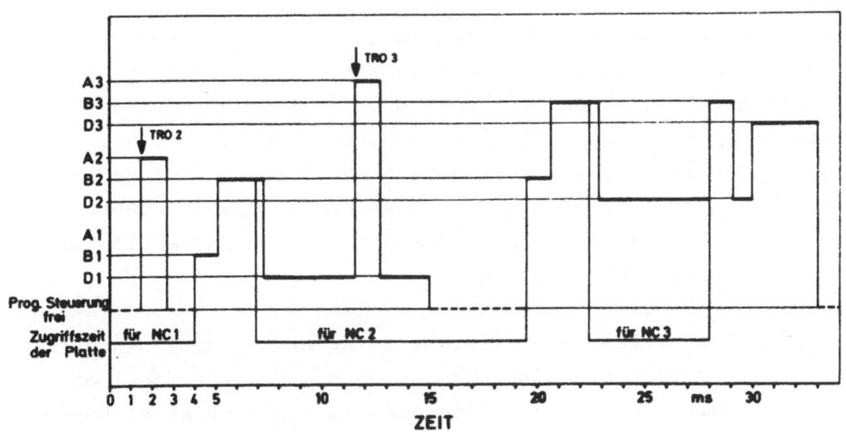

A = Alarmerfassung
B = Ausgabebereich im ASP laden
D = Datenausgabe

Bild 38 Simultane Bedienung von 3 NC

Bei gleichzeitigem oder zeitlich sehr dichtem Eintreffen mehrerer Alarme TRO erfolgen Datenausgabe für eine Maschine und Zugriff zu den Daten der nächsten Maschine simultan. Bild 38 gibt einen Überblick über diesen Fall. Die Prioritäten der Programme und die Verteilung ihrer Unterbrechbarkeitsstellen sind so geordnet, daß die Versorgung der Plattensteuerung ohne jeden zeitlichen Verlust erfolgt. Bei diesem Betriebsablauf ist also für die erste Maschine mit einer Bedienungszeit von ca. 20 ms zu rechnen, während für jede weitere Maschine ca. 15 ms benötigt werden. Diese 15 ms ergeben sich aus ca. 12,5 ms Zugriffszeit und jeweils 2...3 ms zugehöriger KSVW-Programmlaufzeit.

6.6. Diskussion des entwickelten Systems

Die beiden wesentlichsten Merkmale dieses DNC-Systems sind seine optimale Anpassung an die zu steuernde Fertigung und die Flexibilität gegenüber Änderungen. Diese Änderungen können Art und Anzahl der angeschlossenen NC, den Umfang des Signalverkehrs, die Übernahme neuer Aufgaben auf den Rechner und die Einordnung in ein größeres, übergeordnetes Informationssystem betreffen. Ermöglicht wird diese Flexibilität durch mehrere Komponenten.

Die programmgesteuerte Abwicklung aller E/A-Operationen über ein universelles, bitweise anzusteuerndes Gerät ermöglicht eine maximale Freiheit und Anpassung im Signalverkehr. Durch richtige Anpassung der Übertragungsstrecke war es möglich, aus den technischen Vorteilen dieses Operationsmodus wirtschaftliche abzuleiten. Der geringe Hardwareaufwand der Sammelleitungen und die Tatsache, daß der gesamte Signalverkehr ungepuffert über ein Standard-Gerät abgewickelt wird, führte zu erheblichen Einsparungen. Aus der engen Kopplung von Software- und Hardware-Funktionen resultieren ausgezeichnete Prüfmöglichkeiten; der Aufwand dafür bleibt durch die Mehrfachausnutzung gering. Ein weiterer Vorteil ist darin zu sehen, daß die Nahtstelle zur numerischen Steuerung so gestaltet werden konnte, daß die Änderungen an der NC auf ein Mindestmaß beschränkt blieben.

Der Nachteil des programmgesteuerten Datenverkehrs - seine geringe Geschwindigkeit - kann nicht als gravierend betrachtet werden. Da die zeitlichen Kennwerte dieses Systems den Ausführungen in Abschnitt 5.2.5. zugrunde gelegt wurden, gelten die dort getroffenen Aussagen über die Belastung des Rechners für den vorliegenden Fall.

Durch die Einrichtung von Vorzugszylindern auf der Platte konnten in der Versorgung der NC Zeitwerte erreicht werden, die denen bei Einsatz eines Trommelspeichers nahekommen. Bei einem Kostenverhältnis pro Byte von 10:1 zwischen Trommel und Platte ist dies außerordentlich günstig. Gleichzeitig war es aber möglich, den ASP-Pufferbereich auf das Minimum von nur 3 x 64 Worten zu beschränken. Die Kombination des Plattenspeichers mit dieser Organisation des Datenflusses (vgl. dazu Bild 18) ist als weiterer entscheidender Punkt im Hinblick auf die niedrigen Kosten dieses Systems anzusehen.

Der Aufbau des Programm-Paketes aus funktionsspezialisierten Einzelprogrammen erlaubt es, diese Programme durch eine beliebige Anzahl von Steuerungen aufrufen zu lassen. Die Grenze dafür liegt ausschließlich in der Rechenzeit. Der Verwaltungsaufwand in den Programmen wurde durch die parallele Organisation auf ein Minimum gesenkt. Die Anordnung der Programme um einen definierten, gemeinsamen Nahtstellenbereich - die Listen und Register - macht es möglich, in der Art eines Baukastens weitere Programmbausteine hinzuzufügen. Der in sich geschlossene Aufbau erlaubt es auch, das ganze Paket in der Art eines Programm-Moduls zu handhaben.

Um den Rechner auf eine effektive Bearbeitung DNC-fremder Aufgaben, z.B. Betriebsdatenerfassung, vorzubereiten, wurde die Arbeitsspeicherbelegung minimiert. Dies war sowohl durch die gewählte Organisation des Datenflusses möglich als auch durch eine effektive Assembler-Programmierung, die volle Ausnutzung des Betriebssystems, die einfache interne Organisation und die weitgehende, von den tatsächlichen zeitlichen Anforderungen abgeleitete Segmentierung der Programme. Es sei an dieser Stelle darauf hingewiesen, daß es zur vollen Nutzung des Betriebssystems und zur zeitlichen Optimierung des Verkehrs mit dem Magnetplattenspeicher notwendig war, das vom Rechnerhersteller gelieferte, umfangreiche Betriebssystem genau zu analysieren. Zudem mußten die Hardware-Eigenschaften der Geräte untersucht werden. Die Bemühungen beim Entwurf gingen bewußt dahin, die Rechenanlage nicht als gegebenes Gerät zu den anderen Systemkomponenten hinzuzufügen, sondern sie unter funktionalen Gesichtspunkten zu integrieren.

Bei gegebener Konfiguration einer Rechenanlage bestehen nur wenige Möglichkeiten, den NC-Datenfluß zu beschleunigen. Werden im vorliegenden System die zeitlichen Anforderungen an die Datenausgabe erhöht, so wird das Zwischenspeichern von Datenblöcken im Arbeitsspeicher erforderlich. Da die NC-Programme viele Stellen aufweisen, an denen Wartezeiten ohne schädliche Auswirkungen auf die Technologie der Bearbeitung auftreten können, ist es möglich, jeweils nur einen Datenblock zwischenzuspeichern. Die Gesamtzeit für die Bedienung einer Maschine wird dadurch auf 3...5 ms reduziert. Bei unterschiedlichen zeitlichen Anforderungen der angeschlossenen NC bzw. der NC-Programme kann eine Lösung zusammengestellt werden, die die jeweils geeignete Organisation des Datenflusses enthält.

Neben den eingebauten Hardware- und Software-Prüfungen wurde im vorliegenden DNC-System ein festes Format des Betriebsablaufs vorgesehen. Da es wegen der unterschiedlichen Geschwindigkeiten zwischen Rechner und Prozeßperipherie nicht möglich war, auf die Signalquittierung zu warten, wurden die externen Steuerungen so aufgebaut, daß der gesamte Betriebsablauf in der Art einer Folgesteuerung vor sich geht. Durch diese "indirekte" Quittierung der übertragenen Signale wurde die Betriebssicherheit wesentlich gesteigert.

Der Umfang des Signalverkehrs und die Konzeption des Systems wurden im Hinblick auf den zukünftig geplanten Fertigungsablauf entworfen. Es ist ohne größere Hardware- und Software-änderungen möglich, dieses System in einer Fertigungsanlage mit verketteten Maschinen einzusetzen. Ein Programmpaket zur Erfassung, Auswertung und Verdichtung von Betriebsdaten kann hinzugefügt werden. Im Arbeitsspeicher ist der erforderliche Platz frei, zusätzliche Programme können unter der Kontrolle des Betriebssystems ablaufen und die Dateibuchführung ist durch das DNC-System nicht belastet.

Die Kosten des DNC-Systems setzen sich aus folgenden Positionen zusammen:

a) Entwicklung und Einführung
b) Rechenanlage
c) Übertragungssystem
d) Anpassung der NC an DNC-Betrieb
e) Ausstattung des Rechner-Raums
f) Sonstige

zu a) Der Entwicklungsaufwand für das vorgestellte System betrug ca. 5 Mannjahre. In dieser Zeit ist die Systemanalyse, die labormäßige Hardware-Entwicklung, die vollständige Programmierung, die Erprobung von Hard- und Software, die Erstellung von Unterlagen für die Fertigung der Hardware und die Einführung des Systems in den Betrieb enthalten. Allein der letzte Punkt beanspruchte ca. 1 Mannjahr.

zu b) Die Kosten für die Rechenanlage setzen sich wie folgt zusammen:

Zentraleinheit 301, 8 K Worte	ca. DM 130.000,--
Bedienungsperipherie	ca. DM 50.000,--
Magnetplattenspeicher	ca. DM 145.000,--
Prozeßelement in derzeitiger Ausstattung	ca. DM 75.000,--
Rechenanlage	ca. DM 400.000,--

zu c) Für das Übertragungssystem sind folgende Kosten anzusetzen:

Sender/Empfänger rechnernah für 24 Maschinen	ca. DM 8.000,--
Sender/Empfänger maschinennah je angeschlossene Steuerung	ca. DM 5.000,--
Kabel	ca. DM 1.000,--

zu d) Die Kosten für die Abänderung der NC und für das Anpaßteil zur Umschaltung von Rechner- auf Leserbetrieb hängen stark vom jeweiligen Steuerungstyp ab. Zudem darf für die Zukunft erwartet werden, daß Steuerungen standardmäßig mit einer Nahtstelle zur Rechnerkopplung ausgestattet werden. Im vorliegenden Fall wurde die Nahtstelle zur Steuerung so gelegt, daß minimale Änderungen erforderlich wurden; es kann dafür ein Betrag von ca. DM 5.000,-- pro NC angesetzt werden.

zu e) Die Einrichtung des Rechner-Raums einschließlich der Klimaanlage belief sich auf ca. DM 20.000,--.

zu f) Hierunter fallen Kosten für Schulung des Personals, für Rechenzeit zum Austesten der Programme und Gemeinkosten.

Die Kosten unter a) und f) hängen stark von den spezifischen Gegebenheiten ab. Insbesondere die Anzahl von DNC-Systemen, auf die die Entwicklungskosten umgelegt werden sollen, die Testmöglichkeiten für die Programme und die organisatorischen und personellen Voraussetzungen sind dafür zu nennen. Diese Kosten bleiben deshalb im folgenden außer Betracht.

Für 20 NC-Maschinen ergeben sich aus den Positionen b)...e) Kosten in einer Höhe von:

Rechenanlage	DM 400.000,--
Übertragungssystem	DM 110.000,--
Anpassung der NC	DM 100.000,--
insgesamt	DM 610.000,--

Bei dieser Systemgröße fallen also je Steuerung ca. DM 30.000,-- an Mehrkosten für DNC an; in der Aufbauphase bei wenigen angeschlossenen Steuerungen liegen sie höher. Diese Kosten erscheinen zunächst hoch. Vergleicht man sie jedoch mit dem Aufwand, der zu treiben wäre, um mit einem zweiten Lochstreifenleser und an die NC angebauten Programmsucheinrichtungen, also mit den konventionellen Mitteln der NC-Technik, den gleichen Effekt zu erzielen, so wird der Vorteil der Rechnersteuerung augenscheinlich. Bei ungefähr gleichen Kosten bietet die Rechnersteuerung ein Mehrfaches an Flexibilität und Betriebssicherheit. Ein weiterer Gesichtspunkt, der in die Kalkulation einbezogen werden muß, ist die Möglichkeit, durch Hinzunahme weiterer Funktionen auf den Rechner die anteiligen Kosten für DNC zu senken.

Die Wirtschaftlichkeit von DNC-Systemen kann nur aus der Nutzungssteigerung der gesteuerten Fertigungseinrichtungen abgeleitet werden. Möglichkeiten dazu liegen zum einen in einer Verminderung der technischen Nutzungsverluste, wie unter 5.2.6. bereits ausgeführt wurde, und zum anderen in einer höheren zeitlichen Auslastung. Diese erfordert eine erhöhte Transparenz der betrieblichen Daten und ihre aktuelle Erfassung und Auswertung. DNC-Systeme bieten diese Möglichkeiten im Zusammenwirken mit geeigneten Fertigungssteuerungen. Wichtigste Voraussetzung einer hohen zeitlichen Nutzung ist jedoch ein mehrschichtiger Betrieb. Unter Berücksichtigung der zukünftigen Entwicklung der Arbeitszeit, der Personalkosten und des Angebots an Arbeitskräften wird eine Fertigung in mehreren Schichten nur bei hochautomatisierten Anlagen mit minimalem Bedarf an Bedienungspersonal überhaupt möglich sein [8]. In solchen Anlagen mit automatisiertem Material- und Informationsfluß sind aber Datenmengen zu bewältigen, die den Rechnereinsatz erzwingen. Das heißt aber, daß eine so weitgehende Automatisierung der Fertigung im Bereich kleiner bis mittlerer Serien mit herkömmlichen Mitteln überhaupt nicht zu realisieren ist. Damit wird aber die Frage der Wirtschaftlichkeit von DNC-Systemen identisch mit der nach der Wirtschaftlichkeit automatisierter Fertigungseinrichtungen.

7. Der Einsatz von Digitalrechnern zur Steuerung von Fertigungseinrichtungen

Der Aufbau von DNC-Systemen, wie sie in den beiden vorhergehenden Abschnitten beschrieben wurden, führt neben der Automatisierung zu einer Zentralisierung von Abschnitten des Informationsflusses. Handelt es sich bei den an einen Rechner gekoppelten Steuerungen um von ihm unabhängig betriebsfähige, so wird es nicht sinnvoll sein, Funktionen dieser Steuerungen zentral im Rechner nachzubilden. Werden die gesteuerten Maschinen einzeln betrieben und ist für ihre Bedienung ständig Personal erforderlich, so sind von seiten des Materialflusses die Voraussetzungen für eine weitergehende Zentralisierung nicht gegeben.

Andere Fertigungskonzepte entstehen mit der Entwicklung flexibler Fertigungssysteme, auf die in Abschnitt 3 hingewiesen wurde. Die angestrebte Automatisierung des Materialflusses in ihnen ist nur möglich bei gleichzeitiger Automatisierung des Informationsflusses. Dafür sind die geeigneten Steuerungssysteme zu entwerfen. Ihre Eigenschaften ergeben sich analog zu denen der Einrichtungen des Materialflusses: automatisiert, komplex, flexibel, integriert.

Damit werden diese Steuerungssysteme aber eine andere Struktur aufweisen müssen, als sie sich aus einer Addition herkömmlicher Einrichtungen ergeben würde. Die Steuerungen werden den Bearbeitungsmaschinen nicht mehr als abgeschlossene, eigenständige Geräte zugeordnet, sondern als Paket von Funktionen. Teile der bisherigen maschineneigenen Steuerung können von der Maschine abgezogen und ihre Funktionen an zentraler Stelle für mehrere Maschinen oder das ganze System wahrgenommen werden. Für die herkömmliche numerische Steuerung bedeutet diese Entwicklung die Auflösung ihrer gerätemäßigen Einheit. Sie wird ersetzt durch Funktionsbausteine. Die Möglichkeiten, solche Funktionsbausteine zentral durch Digitalrechner zu realisieren und der daraus folgende Aufbau zentralisierter Mehrmaschinensteuerungen wird im folgenden untersucht. Dabei beschränken sich die Ausführungen hier auf den generellen Systementwurf.

7.1. Übernahme von Funktionsgruppen der numerischen Maschinensteuerung auf Rechner

Aus den Betrachtungen des Abschnittes 4 lassen sich folgende Funktionsgruppen einer numerischen Maschinensteuerung ableiten: 1. Datenaufbereitung, 2. Interpolation, 3. Funktionssteuerung und 4. Verwaltung und Ablauforganisation. Ihre zeitlichen, logischen und arithmetischen Anforderungen erwiesen sich als sehr unterschiedlich.

Bei Übernahme dieser Gruppen oder Teilen von ihnen auf einen Rechner ist folgendes zu beachten: Für den wirtschaftlichen Einsatz des Rechners sind seine technischen Eigenschaften möglichst hoch zu nutzen. Seine Flexibilität erlaubt es, viele verschiedene Funktionen auf ihn zu übertragen, seine Geschwindigkeit bietet an, diese Funktionen jeweils für mehrere zu steuernde Einrichtungen auszunutzen.

Die Anforderungen bei Übernahme von Steuerungsfunktionen auf einen Rechner lassen sich durch folgende Kriterien beschreiben: Häufigkeit des Aufrufs, Dauer der Ausführung, geforderte Reaktionszeit, erforderliche arithmetische und logische Rechenkapazität, Kernspeicherbedarf, erforderliche gerätetechnische Ausstattung und Programmieraufwand. Aufgrund der universellen Eigenschaften der freiprogrammierbaren Digitalrechner und der klaren Aufgabenstellung werden nur wenige Schwierigkeiten zu erwarten sein, für die Einzelfunktion zu entscheiden, ob sie im Rechner realisiert werden kann oder nicht. Das Problem beim Aufbau zentralisierter Mehrmaschinensteuerungen mit Rechnern ist vielmehr darin zu sehen, das Verhältnis zwischen organisatorischem Aufwand und zu Steuerzwecken nutzbarer Programmlaufzeit und Arbeitsspeicherplatz günstig zu halten. Die konkrete

Frage lautet, wie viele Funktionen für wie viele Maschinen auf einen Rechner welcher Größe zu bringen sind und wie eine sinnvolle Aufgabenteilung zwischen den Rechnern bei Aufbau eines Mehrrechnersystems zu gestalten ist.

Die Funktionen aus dem Bereich der Datenaufbereitung, also Datenübernahme, Prüfung, Umcodierung und Korrektur, stellen nur geringe arithmetische und logische Anforderungen. Der schwierigste Fall ist hierbei in der Werkzeugdurchmesserkorrektur zu sehen, jedoch gehören Programme für trigonometrische und Potenzfunktionen heute zur Standardsoftware selbst sehr kleiner Rechner. In Anlehnung an die Betrachtungen in Abschnitt 5.2.5. kann als kürzeste Zeit für die Abarbeitung eines NC-Satzes auf einer Maschine 100 ms angenommen werden. Bei Rechnern mit Zykluszeiten von ca. 1 µs können für die gesamte Datenaufbereitung 1...5 ms angesetzt werden. Da alle Einzelfunktionen in dieser Gruppe nur einmal pro NC-Satz aufgerufen werden, kann dieser gesamte Funktionsblock zentral für eine größere Anzahl von Maschinen in einem Rechner durchgeführt werden.

Die Zentralisierung der Dateneingabe und -aufbereitung hat zur Folge, daß die Handeingaben von Daten, zur Modifikation der NC-Programme, zum Einrichten der Maschinen und zur Störungsbehandlung sowie auch die Ausgabe von Daten zur Anzeige zentral im Rechner bearbeitet werden. Dies macht deutlich, daß ein hoher wirtschaftlicher Effekt dieser Organisation dann zu erzielen ist, wenn die funktionale Verknüpfung und die räumliche Anordnung der Maschinen eine Bedienung von einer zentralen Stelle aus erlauben. Anderenfalls müssen die aufwendigen Ein-/Ausgabeelemente für Bedienung und Anzeige an jeder Maschine beibehalten werden, die Ankopplung an den Rechner ist im Vergleich zur selbstständigen NC zusätzlich zu installieren und lediglich die Hardwarelogik zur Verarbeitung der Eingaben wird eingespart.

Zur Interpolation stehen die beiden Möglichkeiten einer Berechnung von Konturpunkten in einem festen Wegraster oder einem festen Zeitraster zur Diskussion. In [33] wurde die maximal erzielbare Vorschubgeschwindigkeit ermittelt, wenn per Software in einem Rechner mit einer Zykluszeit von 1,5 µs nach dem DDA-Verfahren in einem Wegraster von 0,01 mm interpoliert wird. Der Wert von 1,7 m/min für eine ebene Bahn zeigt, daß nach diesem Verfahren kein zentraler Mehrmaschineninterpolator aufgebaut werden kann.

Eine zeitliche Entlastung der Rechner bei der Interpolation ist dadurch zu erzielen, daß die zu erzeugenden Konturen durch Polygonzüge angenähert werden. Abhängig von der Geometrie der Kontur, ihrem Toleranzband und der maximalen Interpolationsweite eines nachgeschalteten, linearen Hardware-Interpolators werden per Software nur die Eckpunkte des Polygonzuges berechnet. Zentral wird hierbei also grob interpoliert, dezentral, den einzelnen Maschinenachsen zugeordnet, feininterpoliert. Auch dieser Weg bringt Schwierigkeiten mit sich: Zum einen ist der arithmetische Aufwand der direkten Funktionsberechnung ungleich höher als im DDA-Verfahren, und zum anderen sind die Anforderungen an die Reaktionszeit des Rechners sehr hoch. Um unerwünschte Schwankungen der Vorschubgeschwindigkeit zu vermeiden, muß ein zentralisierter Interpolator nach dem "worst case"-Prinzip ausgelegt sein; "worst case" ist, wenn alle angeschlossenen Achsen neue Stützpunkte verlangen. Da der Rechner zu einem Zeitpunkt jedoch immer nur eine Maschine bedienen kann, sind Zwischenpuffer für aufbereitete Stützpunkte erforderlich.

Zum Aufbau zentraler Mehrmaschinen-Interpolatoren ist die Interpolation im festen Zeitraster besser geeignet. Die arithmetischen Anforderungen entsprechen denen der o.g. Software-Grobinterpolation, die zeitlichen Anforderungen sind jedoch grundsätzlich anders. In einem festen Zyklus, z.B. alle 20 ms bei einer Tastfrequenz von 50 Hz (vgl. Abschnitt 4.2.2.) müssen nacheinander, in immer gleicher Reihenfolge, neue Lagewerte für die einzelnen Achsen errechnet werden.

Am Beispiel der Zirkularinterpolation sei der Aufwand kurz diskutiert. Aus der Parameterdarstellung des Kreises

$$x = r \cdot \cos\varphi$$

$$y = r \cdot \sin\varphi$$

können bei konstanten Zuwachsraten $\Delta\varphi$ Kreispunkte im Abstand konstanter Schrittweiten berechnet werden. Die Berechnung der Winkelfunktionen erfolgt über die Potenzreihen

$$\sin\varphi = \varphi - \frac{\varphi^3}{3!} + \frac{\varphi^5}{5!} - \ldots + (-1)^n \frac{\varphi^{2n+1}}{(2n+1)!}$$

$$\cos\varphi = 1 - \frac{\varphi^2}{2!} + \frac{\varphi^4}{4!} - \ldots + (-1)^n \frac{\varphi^{2n}}{(2n)!}$$

Abhängig von der Wortlänge der eingesetzten Rechenanlage kann mit einfachem oder mehrfachem Wort gerechnet werden. Für eine Anlage mit einer Wortlänge von 24 bit und einer Zykluszeit von 1,5 µs beträgt der Zeitbedarf bei Rechnung mit einfacher Wortlänge zum Errechnen eines neuen Kreispunktes bei einer Fehlerschranke von $< 10^{-6}$ ca. 600 µs.*) Vorteilhaft bei diesem Verfahren ist, daß kein Fehler mitgeschleppt wird und der auftretende Fehler leicht abgeschätzt werden kann. Nachteilig ist der aufwendige Algorithmus und die Größe des darzustellenden Zahlenbereichs.

Eine andere Möglichkeit, die Winkelfunktionen durch einen einfachen Algorithmus zu gewinnen, stellen die Tschebyscheff-Polynome dar [38]. Mit ihnen läßt sich der Cosinus eines vielfachen Arguments berechnen:

$$T_n(\cos\varphi) = \cos n\varphi$$

Man erhält T_n aus den vorhergehenden Werten T_{n-1} und T_{n-2} durch die Rekursion

$$T_n(\cos\varphi) = 2\cos\varphi \, T_{n-1} - T_{n-2}(\cos\varphi)$$

.

---

*) Dieser Wert ergibt sich bei Verwendung der Standard-Software des Rechnerherstellers.

Daraus ergeben sich die Rekursionsformeln für die Berechnung von Kreispunkten, zwischen denen konstante Winkelinkremente $\Delta\varphi$ liegen, zu

$$x_i = 2\cos\Delta\varphi \, x_{i-1} - x_{i-2}$$

$$y_i = 2\cos\Delta\varphi \, y_{i-1} - y_{i-2}$$

Das Verfahren ist mathematisch exakt und weist einen außerordentlich einfachen Algorithmus auf. Von Nachteil ist, daß Fehler mitgeschleppt und im Zuge der Rekursion ständig vergrößert werden. Wird aus diesem Grund mit doppelter Genauigkeit gerechnet, so erfordert die Berechnung eines Kreispunktes unter den gleichen Voraussetzungen wie oben ca. 450 µs.

Beide Verfahren sind also für den Aufbau zentraler Mehrmaschineninterpolatoren geeignet. Unter Berücksichtigung des Aufwandes zum Einrichten der Gleichungen, nämlich zur Berechnung der Schrittweiten bzw. Winkelinkremente, der Radien, der Anzahl der Interpolationsschritte, der Startwerte für die Tschebyscheff-Rekursion, sowie der Grenzen, die durch die beschränkte Wortlänge der Rechner gegeben sind, kann davon ausgegangen werden, daß ein Software-Interpolator ca. 30...50 Maschinenachsen mit Lagewerten versorgen kann.

Die Anforderungen an einen Rechner bei Übernahme logischer Operationen aus dem Bereich der Funktionssteuerung sind durch die Anzahl logischer Gleichungen, ihre gegenseitige Verknüpfung, die pro Funktion geforderte Reaktionszeit und die Anzahl der digitalen Rechnerein-/ausgänge gegeben. Insbesondere die Interruptauflösung und die Erkennung der neu zu berechnenden Funktionen bei Änderung einer in vielen Funktionen auftretenden logischen Größe würden hohe Anforderungen an die Organisation stellen. Deshalb wurden für diese Aufgabe von einigen Herstellern festverdrahtete Spezialrechner [39], [40] entwickelt, die eine begrenzte Anzahl logischer Funktionen in einem festen Zyklus errechnen. Bedingung ist dabei, daß die geforderten Reaktionszeiten der Funktionen größer/gleich ihren Berechnungszyklen sind.

Die Übernahme der Funktionen einer NC-internen Ablaufsteuerung auf den Rechner stellt prinzipiell kein Problem dar. Der zeit- und prioritätsgesteuerte, simultane Ablauf von Einzelprogrammen bzw. Einzelfunktionen und die Ein- und Ausgabe von Daten im Verkehr mit externen Geräten entspricht der Standardaufgabe des Betriebssystems eines Real-Time-Rechners.

Eine Zusammenfassung der verschiedenen Stufen der Übernahme von Steuerungsfunktionen konventioneller NC auf Rechner zeigt Bild 39.

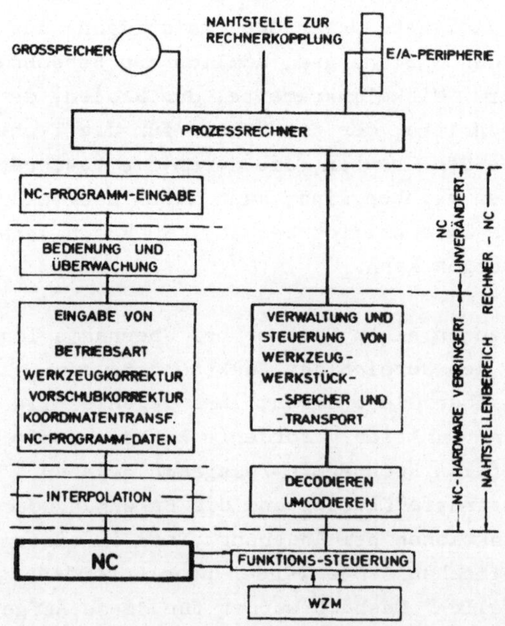

Bild 39 Stufen des Rechnereinsatzes zur Steuerung von Fertigungseinrichtungen

7.2. Aufbau von Steuerungen mit Rechnern

Der Einsatz von Digitalrechnern zur direkten Steuerung von Fertigungseinrichtungen erfolgt nach drei unterschiedlichen Konzepten: DNC, CNC und Mehrmaschinen-Rechnersteuerung.

Unter dem Begriff CNC - von Computerized Numerical Control - werden hinsichtlich ihrer gerätemäßigen und funktionellen Eigenständigkeit herkömmliche NC verstanden, die einen veränderten internen Aufbau aufweisen. Bei CNC ist anstelle der Hardware-Logik ein programmierbarer Rechner als zentraler informationsverarbeitender Kern integriert [22], [26], [41], [42].

Unter dem Begriff der Mehrmaschinen-Rechnersteuerung sollen numerische Steuersysteme verstanden werden, die eine aus mehreren Bearbeitungsstationen bestehende Fertigungsanlage steuern und einen hohen Grad an Zentralisierung aufweisen. Die zentralisierten Funktionen werden mittels Rechner realisiert, sie können für alle angeschlossenen Maschinen wirksam werden. Die nicht zentralisierten Funktionen werden maschinenspezifisch in Hardware ausgeführt. Die Bezeichnung Mehrmaschinen-Rechnersteuerung wird hier vorgeschlagen in Anlehnung an DIN 66201, die den Begriff Rechnersteuerung definiert als "Anwendung eines Prozeßrechensystems zur Steuerung". CNC wäre im Gegensatz dazu eine Einmaschinen-Rechnersteuerung.

7.2.1. CNC

Die Struktur einer CNC zeigt Bild 40. Entsprechend den unter 7.1. als geeignet für die Übernahme auf Rechner genannten Funktionen sind hierbei Dateneingabe und -korrektur, die Ablaufsteuerung sowie die Verarbeitung von Bedienungseingaben und Anzeigenausgaben per Software realisiert. Je nach Wahl des Interpolationsverfahrens und der geometrischen Anforderungen wird die Berechnung von Lagesollwerten zwischen Hard- und Software aufgeteilt. Da CNC nur den Funktionsbereich der konventionellen NC umfassen, bleibt die gesamte technologische Informationsverarbeitung der Hardware- Funktionssteuerung überlassen.

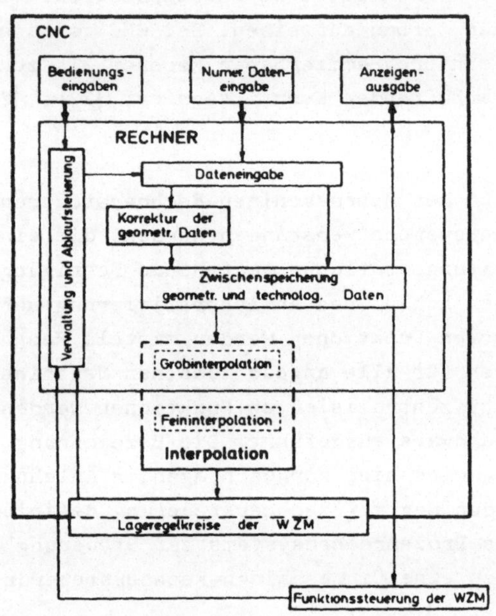

Bild 40 Struktur einer CNC

Die Vorteile des CNC-Konzeptes resultieren aus der Flexibilität des frei programmierbaren Rechners. Sie erlaubt es einerseits dem Steuerungshersteller, den Aufwand in Projektierung und Fertigung von Steuerungen, die nur in kleinen Stückzahlen und für spezielle Zwecke gebaut werden, klein zu halten. Dadurch, daß diese Steuerungen erst durch die Programmierung an ihre Steuerungsaufgabe angepaßt werden, ist es möglich, sie auch beim Anwender unterschiedlichen Fertigungsaufgaben anzupassen. Je nach Geometrie der zu fertigenden Werkstücke können z.B. verschiedene Interpolationsverfahren realisiert werden. Die Umstellung der Steuerung erfolgt einfach durch Austausch der Rechnerprogramme. Als weiterer Vorteil ist der hohe Bedienungskomfort zu nennen, den die universelle Logik eines Rechners anbietet. Diese Vorteile des CNC-Konzeptes kommen besonders bei aufwendigen Steuerungen für vielachsige Maschinen mit umfangreichen Bedienungsmöglichkeiten zur Geltung [41],[42].

7.2.2. Mehrmaschinen-Rechnersteuerung

Die verschiedenen Möglichkeiten des Aufbaus von Mehrmaschinensteuerungen durch Einsatz von Rechnern sind in den Bildern 41, 42 und 43 dargestellt. Die Aufgaben der in den Abschnitten 5 und 6 diskutierten DNC-Rechner sollen auch hier in übergeordneten Rechnern wahrgenommen werden.

Die Eingabe der NC-Programme in den Steuerungsrechner erfolgt blockweise. Entsprechend den Ausführungen über die zeitliche Belastung des Rechners durch Aufgaben, die nur einmal pro NC-Satz auftreten, werden alle Funktionen der Datenaufbereitung für eine größere Anzahl von Steuerungen in dem NC-Rechner zentral ausgeführt, vgl. dazu die Bilder 6, 7 und 10. Ebenfalls sollen die gesamten manuellen Bedienungseingaben zur Modifikation der NC-Programme, zur Störungsbeseitigung und zum Einrichten örtlich wie funktional im Rechner zentralisiert werden. Im Unterschied zu den o.g. CNC werden hier alle die Funktionen aus dem Bereich der technologischen Informationsverarbeitung im Rechner ausgeführt, die nur einmal pro Satz auszuführen sind. Je nach Wahl der Interpolationsart bestehen unterschiedliche Möglichkeiten, weitere Einzelschritte der geometrischen Informationsverarbeitung zu zentralisieren. In Bild 41 werden die zur Interpolation aufbereiteten Werte an maschinenspezifische

Interpolatoren ausgegeben. Das Bild zeigt die in dem maschinenspezifischen Steuerungsteil dann noch verbleibenden Funktionen. Für diesen Teil wurde der Begriff Rumpfsteuerung vorgeschlagen [31].

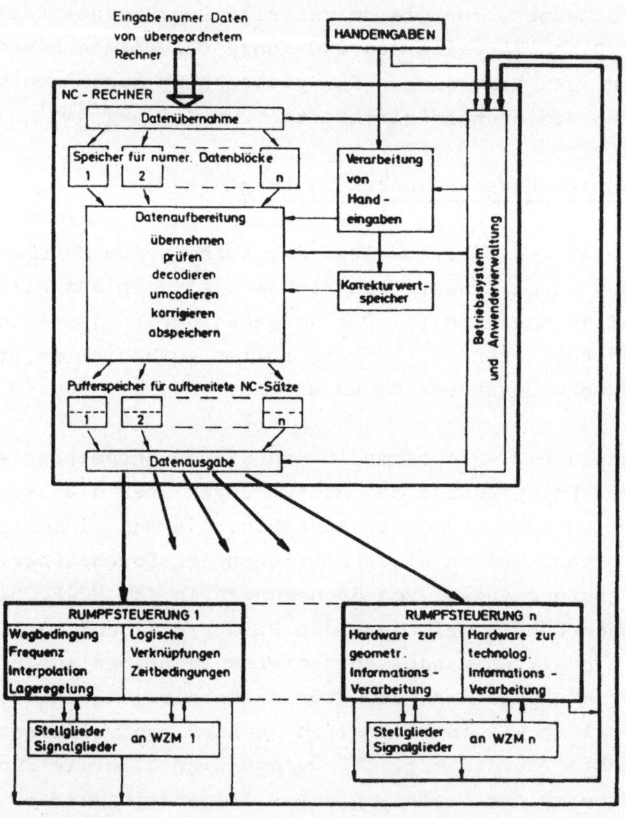

Bild 41 Mehrmaschinen-Rechnersteuerung mit Rumpfsteuerungen

Bei Aufbau der Interpolation nach Bild 42 werden die groben Stützpunkte zentral in einem Spezialrechner errechnet. Da in der nun achsspezifischen, nachgeschalteten Feininterpolation nur noch Geradenstücke zu berechnen sind, liegt die geometrische Verknüpfung der Maschinenachsen im Rechner. Maschinenspezifisch wird noch die Frequenz gebildet. Für einen so stark reduzierten Hardware-Steuerungsrest wird hier die Bezeichnung Reststeuerung vorgeschlagen. Im Gegensatz zur Rumpfsteuerung ist hierbei in der Hardware die geometrische Verknüpfung der Maschinenachsen aufgehoben.

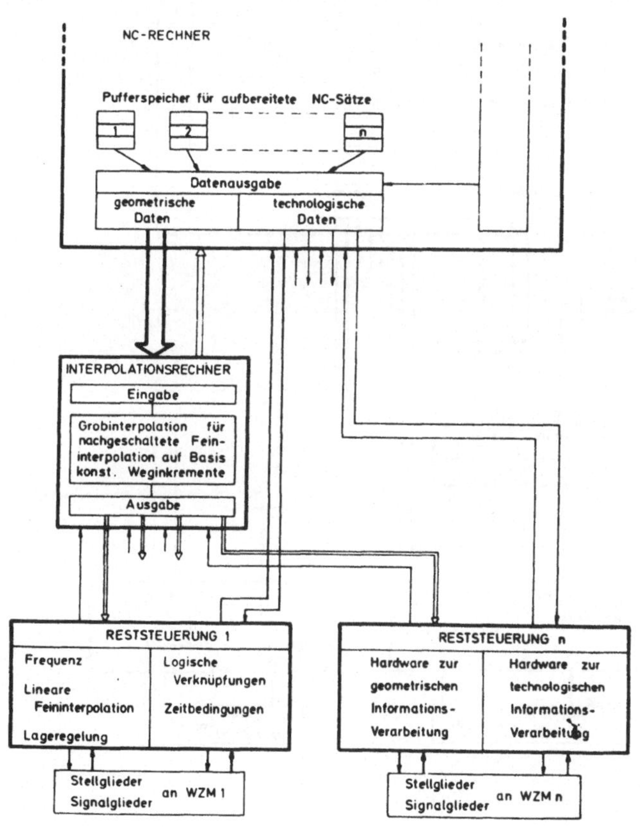

Bild 42 Mehrmaschinen-Rechnersteuerung mit Reststeuerungen

Zu einer vollständigen Auflösung in unabhängige Lageregelkreise führt die zentrale Software-Interpolation in einem festen Zeitraster, Bild 43. Der Hardware-Rest der Verarbeitung der Weginformationen besteht nunmehr ausschließlich aus einzelnen Lageregelkreisen. Die Interpolationsfrequenz kann hier mit Hilfe eines zentralen Frequenzgenerators am Interpolationsrechner gebildet werden.

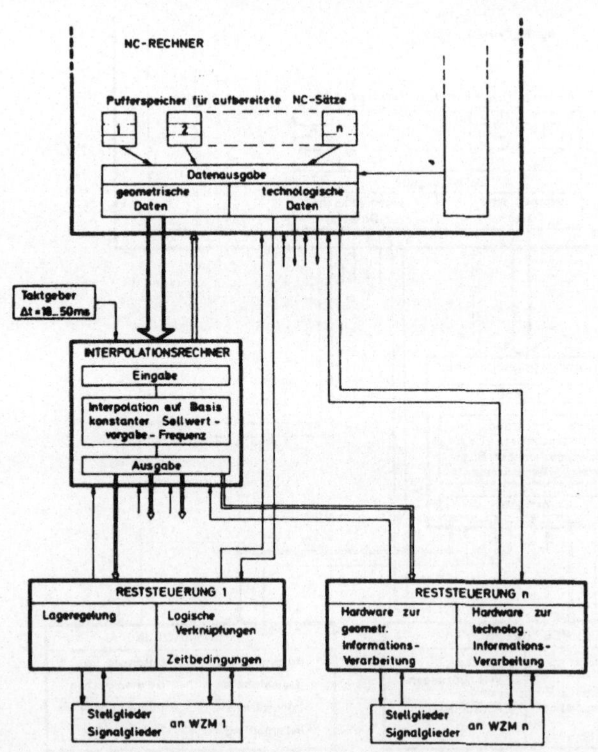

Bild 43 Mehrmaschinen-Rechnersteuerung mit Reststeuerung für Zeitraster-Interpolation

Aus dem Bereich der Funktionssteuerung wurden die Funktionsgruppen Logische Verknüpfung und Einbau von Zeitbedingungen in maschinenspezifischen Einheiten belassen. Aufgrund des außerordentlich hohen Verwaltungsaufwandes dafür eignen sie sich nicht für eine Zentralisierung in Rechnern. Außerdem wäre die Möglichkeit einer Mehrfachausnutzung per Software realisierter Einzelfunktionsnetzwerke nur gegeben bei Anschluß identischer Maschinen,da nur dann identische Funktionsnetzwerke auftreten.

Beim Entwurf dieser Mehrmaschinensteuerungen wurde darauf geachtet, keine übergroße Anzahl von Einzelfunktionen auf einen Rechner zu bringen. Die Funktionen, die per Software nachgebildet werden, sollen dafür für eine möglichst große Anzahl angeschlossener Maschinen nutzbar sein. Außerdem können auf einem Rechner nur eine beschränkte Anzahl von Aufgaben ausgeführt werden, deren Reaktionszeit nach dem "worst case-Prinzip" zu bemessen ist, da dies zu einem hohen Aufwand an Zwischenpuffern führt. Deshalb wird der NC-Rechner in den Entwürfen nach Bild 42 und Bild 43 durch den Einbau eines speziellen Interpolationsrechners entlastet. Die Interpolation bringt eine hohe zeitliche Belastung und verlangt ständig die gleichen Operationen. Damit bietet es sich an, Rechner einzusetzen, die für diese Aufgabe besonders geeignet sind, evtl. auch festverdrahtete Sonderrechenwerke. Bei Interpolation in einem festen Zeitraster besteht die Möglichkeit, zyklisch umlaufende Rechenwerke zu benützen.

Diese Überlegungen zum Aufbau von Mehrmaschinensteuerungen und die Ausführungen über den Aufbau von DNC-Systemen in den Abschnitten 5 und 6 der vorliegenden Arbeit können zusammengefaßt werden, um ein Steuerungssystem für flexible Fertigungssysteme zu entwerfen.

7.3. Entwurf eines Steuerungssystems für flexible Fertigungssysteme

Die Struktur eines flexiblen Fertigungssystems, wie es sich aus den Ausführungen des Abschnittes 3 und der dort aufgeführten Literatur ergibt, zeigt Bild 44. Die Gesamtfunktion des Systems ist aufgegliedert in Teilfunktionen. Im Materialfluß betreffen diese die Bereiche Lagern, Transportieren, Bearbeiten und die Randfunktionen Ein- und Ausgeben. Diese Gliederung gilt gleichermaßen für Werkstücke und Werkzeuge. Teilsysteme, die die genannten Funktionsbereiche realisieren, sind im Sinne der Ausführungen des Abschnittes 2 Kosysteme.

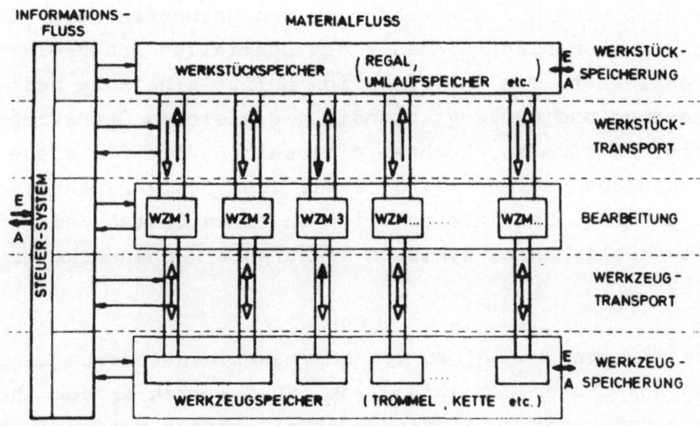

Bild 44 Struktur eines flexiblen Fertigungssystems

Jedem dieser Kosysteme ist ein Teil des Steuerungssystems zugewiesen. Aus der Zusammenfassung und Kopplung dieser Teile ergibt sich das Gesamt-Steuerungssystem (vgl. Bild 2). Die aus der Systemtechnik abzuleitenden Forderungen an ein solches komplexes Steuerungssystem sind:

- Anpassungsfähigkeit an nach Art und Umfang wechselnde Aufgaben
- Hoher Grad der Automatisierung
- Systembildende Eigenschaften der Elemente des Systems wie auch des Systems als Ganzes
- Baukasten als Gestaltungsprinzip
- Hierarchischer Aufbau aus funktionsspezialisierten Einheiten.

Bild 45 zeigt den Aufbau eines integrierten Steuerungssystems, das diese Forderungen erfüllt. Es ist als hierarchisch geordnetes Mehrrechnersystem konzipiert.

Die Möglichkeit der freien Programmierung, des schnellen Programmwechsels und der Auswahl der Rechner aus einer kompatiblen Rechnerfamilie bietet ein außerordentliches Maß an Anpassungsfähigkeit und Flexibilität. Rechner erweisen sich als Geräte mit hochentwickelten systembildenden Eigenschaften, die für den Aufbau komplexer Systeme besonders geeignet sind.

Die Hierarchie der Rechner wurde unter den Gesichtspunkten eingerichtet, daß die Gruppen der auf die einzelnen Rechner übertragenen Funktionen abgestimmt sind hinsichtlich ihrer Anforderungen an Rechenkapazität und Reaktionszeit, an die im Zugriff befindliche Datenmenge und die Ausstattung mit peripheren Geräten.

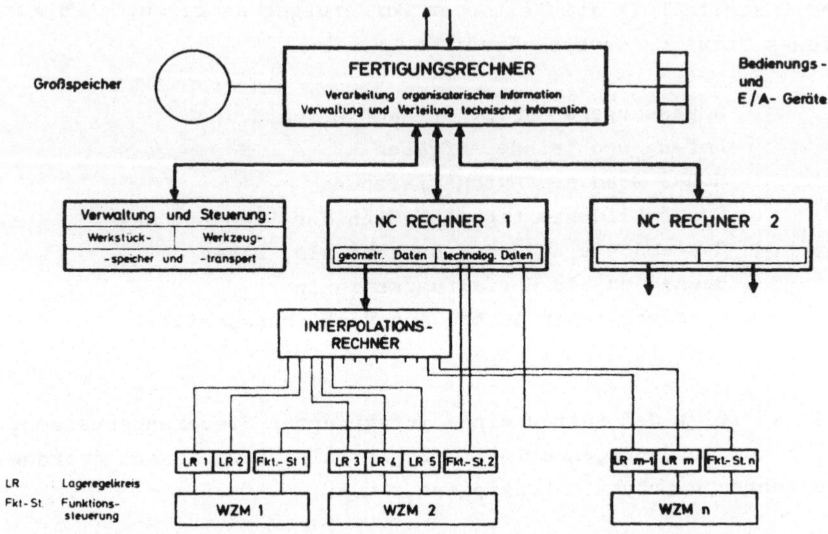

Bild 45 Steuerungssystem für ein flexibles Fertigungssystem

Der Fertigungsrechner übernimmt die organisatorischen und dispositiven Aufgaben innerhalb des Systems und den Informationsaustausch mit übergeordneten Rechnern. Auf seiner Ebene werden die NC-Programme gespeichert, verwaltet und verteilt sowie aktuelle Betriebsdaten erfaßt und aufbereitet.

Für die Verwaltung, Steuerung und Überwachung von Speicher und Transport der Werkstücke und Werkzeuge sind eigene Einrichtungen vorgesehen. Zur Steuerung der Bearbeitungsmaschinen sind Mehrmaschinen-Rechnersteuerungen in das System integriert.

Der Aufbau solcher integrierter Steuerungssysteme wird einen außerordentlich hohen Aufwand für Rechner und die zugehörige

Software erfordern. Es ist dabei aber zu beachten, daß diese Entwicklung Bestandteil des Aufbaus flexibler Fertigungssysteme ist und daß mit der Entwicklung und dem Einsatz von DNC-Systemen und CNC wesentliche Teilaufgaben bereits gelöst sind.

8. Zusammenfassung

In der vorliegenden Arbeit wurden die Einsatzmöglichkeiten von Digitalrechnern zur Automatisierung der Fertigung untersucht. Aufbauend auf dem heute mit der numerischen Steuerung erreichten Stand, lag das Schwergewicht der Untersuchungen beim technischen Informationsfluß.

Der Aufbau von DNC-Systemen, in denen eine größere Anzahl numerischer Steuerungen informationsschlüssig an einen Digitalrechner gekoppelt sind, ist der erste Schritt, um weitere Abschnitte der Fertigung zu automatisieren. Die verschiedenen Möglichkeiten zum Aufbau dieser Systeme wurden zunächst allgemein betrachtet. Es ergab sich, daß für ihren Entwurf die von der Fertigungsaufgabe herrührenden Einflüsse von ausschlaggebender Bedeutung sind. Zusätzlich sind jedoch eine große Anzahl weiterer Parameter zu berücksichtigen.

Die Entwicklung und Einführung eines DNC-Systems im Rahmen dieser Arbeit bestätigte die theoretischen Überlegungen. Durch seine klare Funktionsbestimmung und den besonders durch Flexibilität und Anpassung gekennzeichneten Aufbau gelang es, ein betriebssicheres, kostengünstiges System zu erstellen.

Wie sich zeigte, ist die zeitliche Auslastung der Rechner in DNC-Systemen unbefriedigend. Als weitere Aufgabe bietet sich zunächst die Erfassung und Aufbereitung aktueller Betriebsdaten an.

Die Kopplung von herkömmlicher numerischer Steuerung und Rechner wirft die Frage nach den Auswirkungen auf die zukünftige Struktur der Steuerungen auf. Die durchgeführten Untersuchungen führten zum Entwurf von Mehrmaschinen-Rechnersteuerungen. Darin werden eine Reihe von Steuerungsfunktionen zentral für mehrere Maschinen in einem Rechner durchgeführt, die nicht per Software zu realisierenden Funktionen verbleiben in maschinenspezifischen Hardware-Reststeuerungen.

Die Bemühungen um die Automatisierung der Fertigung im Bereich kleinerer Stückzahlen zielen auf flexible Fertigungssysteme. Aus der Zusammenfassung der unter DNC und Mehrmaschinen-Rechnersteuerung gefundenen Lösungen konnte dafür ein nach systemtechnischen Gesichtspunkten strukturiertes Steuerungssystem entworfen werden. Es besteht aus einer Hierarchie von Rechnern, die ein komplexes, vollautomatisiertes Fertigungssystem steuern und überwachen.

Aus der vorliegenden Arbeit ergeben sich mehrere Schwerpunkte für zukünftige Untersuchungen. Der Aufbau der Mehrmaschinen-Rechnersteuerung in Hard- und Software, die Organisation der Mehrrechnersysteme und die Fragen der automatischen Betriebsdatenerfassung werden dabei mit besonderem Nachdruck zu bearbeiten sein.

Berichte aus dem Institut für Steuerungstechnik der Werkzeugmaschinen und Fertigungseinrichtungen der Universität Stuttgart

---

Herausgegeben von Prof. Dr.-Ing. G. Stute

ISW 1

Numerische Bahnsteuerung

Beitrag zur Informationsverarbeitung und Lageregelung.

Von Dr.-Ing. **Dietmar Schmid,**
1972, 89 S. mit 44 Bildern

ISBN 3-540-05834-6, ISBN 0-387-05834-6

Kart. DM 24.–

ISW 2

Fräsbearbeitung gekrümmter Flächen

Flächenbeschreibung, Programmierung und Fertigung

Von Dr.-Ing. **Horst Schwegler,**
1972, 111 S. mit 36 Bildern

ISBN 3-540-05835-4, ISBN 0-387-05835-4

Kart. DM 24.–

ISW 3

Numerisch gesteuerte Mehrachsenfräsmaschinen

Fräsbahnabweichungen aufgrund der Kinematik und Interpolation.

Von Dr.-Ing. **Jörg Eisinger,**
1972, 90 S. mit 45 Bildern

ISBN 3-540-05836-2, ISBN 0-387-05836-2

Kart. DM 24.–

ISW 4 **Rechnersteuerung von Fertigungseinrichtungen**

Beitrag zur Automatisierung der Fertigung durch den Einsatz von Digitalrechnern.

Von Dr.-Ing. **Rainer Nann,**
1972, 125 S. mit 45 Bildern

ISBN 3-540-05911-3, ISBN 0-387-05911-3

Kart. DM 36.–

In Vorbereitung:

Untersuchung einer stetigen zweiachsigen Nachformeinrichtung

Von Dipl.-Ing. **Gerhard Augsten,**
1972, ca. 120 S. mit ca. 60 Bildern

Die Automatisierung der Fertigungsvorbereitung durch NC-Programmierung

Von Dipl.-Ing. **Bernhard Karl,**
1972, 121 S. mit 44 Bildern

NC-Programmiersystem

Beitrag zur numerischen Verarbeitung eines geometrischen Werkstückbeschreibungssystems

Von Dipl.-Ing. **Helmut Eitel,**
1972, 120 S. mit 49 Bildern

Springer-Verlag
Berlin · Heidelberg · New York

IPA Forschung und Praxis

Berichte aus dem Fraunhofer-Institut für Produktionstechnik und Automatisierung, Stuttgart, und dem Institut für Industrielle Fertigung und Fabrikbetrieb der Universität Stuttgart

Herausgeber: Prof. Dr.-Ing. H. J. Warnecke

38 **Arbeitsgangterminierung mit variabel strukturierten Arbeitsplänen — Ein Beitrag zur Fertigungssteuerung flexibler Fertigungssysteme**
Von U. Maier. ISBN 3-540-10213-2.
1980, 111 Seiten mit 45 Abbildungen. 43,— DM

39 **Kapazitätsabgleich bei flexiblen Fertigungssystemen**
Von P. S. Nieß. ISBN 3-540-10372-4.
1980, 151 Seiten mit 57 Abbildungen. 48,— DM

40 **Schichtdickenverteilung auf galvanisierten Paßteilen am Beispiel kleiner abgesetzter Wellen und Bohrungen**
Von D. Wolfhard. ISBN 3-540-10373-2.
1980, 177 Seiten mit 83 Abbildungen. 48,— DM

41 **Planung von Mehrstellenarbeit unter Berücksichtigung von Umfeldaufgaben**
Von S. Häußermann. ISBN 3-540-10374-0.
1980, 136 Seiten mit 59 Abbildungen. 48,— DM

42 **Untersuchungen zur Schmierfilmdicke in Druckluftzylindern — Beurteilung der Abstreifwirkung und des Reibungsverhaltens von Pneumatikdichtungen mit Hilfe eines neu entwickelten Schmierfilmdicken-meßverfahrens**
Von R. Köhnlechner. ISBN 3-540-10375-9.
1980, 100 Seiten mit 38 Abbildungen und 4 Tabellen. 43,— DM

43 **Typologie zum überbetrieblichen Vergleich von Fertigungssteuerungsverfahren im Maschinenbau**
Von G. Rabus. ISBN 3-540-10376-7.
1980, 174 Seiten mit 88 Abbildungen und 21 Tafeln. 48,— DM

44 **System zur Planung des Umlaufbestandes in Betrieben mit Serienfertigung**
Von K.-G. Wilhelm. ISBN 3-540-10377-5.
1980, 142 Seiten mit 67 Abbildungen und 15 Tafeln. 48,— DM

45 **Rechnerunterstützte Arbeitsplanerstellung mit Kleinrechnern, dargestellt am Beispiel der Blechbearbeitung**
Von W. Hoheisel. ISBN 3-540-10505-0.
1981, 169 Seiten mit 74 Abbildungen. 48,— DM

46 **Beitrag zur Verbesserung der Wirtschaftlichkeit EDV-unterstützter Fertigungssteuerungssysteme durch Schwachstellenanalyse**
Von J. Lienert. ISBN 3-540-10506-9.
1981, 148 Seiten mit 37 Abbildungen. 48,— DM

47 **Die Abscheidung von Öl an Entlüftungsöffnungen drucklufttechnischer Anlagen**
Von W.-D. Kiessling. ISBN 3-540-10604-9.
1981, 117 Seiten mit 48 Abbildungen und 3 Tabellen. 43,— DM

Die Berichte 38 und folgende sind zu beziehen durch den Springer-Verlag, Berlin Heidelberg New York